"一带一路"生态环境遥感监测丛书

"一带一路"
欧洲区生态环境遥感监测

葛岳静　刘素红　梁顺林　贺小婧　于佩鑫　著

U0343256

科学出版社

北京

内 容 简 介

本书基于多种传感器获取的卫星遥感数据产品和多类型地图资料等信息，结合社会经济统计数据，针对"一带一路"欧洲区的主要自然区、11个重要的节点城市和以新亚欧大陆桥（欧洲段）为主要廊道的交通运输通道的生态环境特征与限制因子开展遥感监测与评估，对城市宜居水平和发展潜力进行分析与评估，以期为"一带一路"中"新亚欧大陆桥国际合作经济走廊"建设提供生态环境影响及可能存在的生态环境风险等方面的决策依据。

本书可作为遥感科学与技术、城市规划、城市地理学、区域经济和世界地理等领域科研与教学人员及政府管理干部的参考书。

审图号：GS(2018)4741 号

图书在版编目（CIP）数据

"一带一路"欧洲区生态环境遥感监测 / 葛岳静等著 . — 北京：科学出版社，2019.4

（"一带一路"生态环境遥感监测丛书）

ISBN 978-7-03-051285-7

Ⅰ . ①一　Ⅱ . ①葛…　Ⅲ . ①区域生态环境 – 环境遥感 – 环境监测 – 欧洲　Ⅳ . ① X87

中国版本图书馆 CIP 数据核字 (2016) 第 319985 号

责任编辑：朱　丽　朱海燕　籍利平 / 责任校对：何艳萍

责任印制：吴兆东 / 封面设计：图阅社

科 学 出 版 社 出版

北京东黄城根北街 16 号
邮政编码：100717
http://www.sciencep.com

北京虎彩文化传播有限公司 印刷

科学出版社发行　各地新华书店经销

*

2019 年 4 月第 一 版　开本：787×1092　1/16
2019 年 10 月第二次印刷　印张：7 1/2
字数：200 000

定价：99.00 元

（如有印装质量问题，我社负责调换）

丛书出版说明

2013 年 9 月和 10 月，习近平主席在出访中亚和东南亚国家期间，先后提出了共建"丝绸之路经济带"和"21 世纪海上丝绸之路"（简称"一带一路"）的重大倡议。2015 年 3 月 28 日，国家发展和改革委员会、外交部和商务部联合发布《推动共建丝绸之路经济带和 21 世纪海上丝绸之路的愿景与行动》（简称"愿景与行动"），"一带一路"倡议开始全面推进和实施。

"一带一路"陆域和海域空间范围广阔，生态环境的区域差异大，时空变化特征明显。全面协调"一带一路"建设与生态环境保护之间的关系，实现相关区域的绿色发展，亟须利用遥感技术手段快速获取宏观、动态的"一带一路"区域多要素地表信息，开展生态环境遥感监测。通过获取"一带一路"区域生态环境背景信息，厘清生态脆弱区、环境质量退化区、重点生态保护区等，可为科学认知区域生态环境本底状况提供数据基础；同时，通过遥感技术快速获取"一带一路"陆域和海域生态环境要素动态变化，发现其生态环境时空变化特点和规律，可为科学评价"一带一路"建设的生态环境影响提供科技支撑；此外，重要廊道和节点城市高分辨率遥感信息的获取，还将为开展"一带一路"建设项目投资前期、中期、后期生态环境监测与评估，分析其生态环境特征、发展潜力及可能存在的生态环境风险提供重要保障。

在此背景下，国家遥感中心联合遥感科学国家重点实验室于 2016 年 6 月 6 日发布了《全球生态环境遥感监测 2015 年度报告》，首次针对"一带一路"开展生态环境遥感监测工作。年报秉承"一带一路"倡议提出的可持续发展和合作共赢理念，针对"一带一路"沿线国家和地区，利用长时间序列的国内外卫星遥感数据，系统生成了监测区域现势性较强的土地覆盖、植被生长状态、农情、海洋环境等生态环境遥感专题数据产品，对"一带一路"陆域和海域生态环境、典型经济合作走廊与交通运输通道、重要节点城市和港口开展了遥感综合分析，取得了系列监测结果。因年度报告篇幅有限，特出版《"一带一路"生态环境遥感监测丛书》作为补充。

丛书基于"一带一路"国际合作框架，以及"一带一路"所穿越的主要区域的地理位置、自然地理环境、社会经济发展特征、与中国交流合作的密切程度、陆域和海域特点等，分为蒙俄区（蒙古和俄罗斯区）、东南亚区、南亚区、中亚区、西亚区、欧洲区、非洲东北部区、海域、海港城市共 9 个部分，覆盖 100 多个国家和地区，针对陆域 7 大区域、

6 个经济走廊及 26 个重要节点城市的生态环境基本特征、土地利用程度、约束性因素等，以及 12 个海区、13 个近海海域和 25 个港口城市的生态环境状况进行了系统分析。

丛书选取 2002～2015 年的 FY、HY、HJ、GF 和 Landsat、Terra/Aqua 等共 11 种卫星、16 个传感器的多源、多时空尺度遥感数据，通过数据标准化处理和模型运算生成 31 种遥感产品，在"一带一路"沿线区域开展土地覆盖、植被生长状态与生物量、辐射收支与水热通量、农情、海岸线、海表温度和盐分、海水浑浊度、浮游植物生物量和初级生产力等要素的专题分析。在上述工作中，通过一系列关键技术协同攻关，实现了"一带一路"陆域和海域上的遥感全覆盖和长时间序列的监测，实现了国产卫星与国外卫星数据的综合应用与联合反演多种遥感产品；实现了遥感数据、地表参数产品与辅助分析决策的无缝链接，体现了我国遥感科学界在突破大尺度、长时序生态环境遥感监测关键技术方面取得的创新性成就。

丛书由来自中国科学院遥感与数字地球研究所、中国科学院地理科学与资源研究所、国家海洋局第二海洋研究所、中国林业科学研究院资源信息研究所、北京师范大学、清华大学、中国科学院烟台海岸带研究所、中国科学院新疆生态与地理研究所等 8 家单位的 9 个研究团队共 50 余位专家编写。丛书凝聚了国家高技术研究发展计划（863 计划）等科技计划研发成果，构建了"一带一路"倡议启动期的区域生态环境基线，展示了这一热点领域的最新研究成果和技术突破。

丛书的出版有助于推动国际间相关领域信息的开放共享，使相关国家、机构和人员全面掌握"一带一路"生态环境现状和时空变化规律；有助于中国遥感事业为"一带一路"沿线各国不断提供生态环境监测服务，支持合作框架内有关国家开展生态环境遥感合作研究，共同促进这一区域的可持续发展。

中国作为地球观测组织（GEO）的创始国和联合主席国，通过 GEO 合作平台，有意愿和责任向世界开放共享其全球地球观测数据，并努力提供相关的信息产品和服务。丛书的出版将有助于 GEO 中国秘书处加强在"一带一路"生态环境遥感监测方面的工作，为各国政府、研究机构和国际组织研究环境问题和制定环境政策提供及时准确的科学信息，进而加深国际社会和广大公众对"一带一路"生态建设与环境保护的认识和理解。

李加洪　刘纪远

2016 年 11 月 30 日

前　言

2015 年 3 月 28 日，中国国家发展和改革委员会、外交部和商务部联合发布《推动共建丝绸之路经济带和 21 世纪海上丝绸之路的愿景与行动》（简称《愿景与行动》），"一带一路"倡议开始全面推进和实施。"一带一路"贯穿亚非欧大陆，将亚太经济圈与欧洲经济圈东西连接；促进中国和欧洲陆上合作交流的新亚欧大陆桥则成为"一带一路"的重要廊道之一。欧洲与中国作为世界发展的两支重要力量，在经济发展、信息交流、基础设施建设等许多方面有着共同的利益需求；中国的"一带一路"倡议与欧洲的"容克计划""向东开放"等具有相似的战略诉求和实现战略对接的可能性,欧洲很可能成为"一带一路"的重要推动者及合作者。"一带一路"欧洲分区自然条件优越、生态资源丰富、社会经济发展水平较高，要想推进在欧洲的"一带一路"倡议，充分利用其有利资源，加强各领域合作、实现互利互惠，就必须重点关注各类合作开发建设项目等人类活动对良好生态环境的干扰、避开自然保护区等生态相对脆弱地段和政策性保护地段，协调自然资源的利用与生态环境的保护。

通过遥感技术能快速获取全球各区域的生态环境背景信息，帮助人类甄别生态脆弱区、环境质量退化区、重点生态保护区等，可为科学认知区域生态环境本底状况提供数据基础；同时，通过遥感手段快速获取"一带一路"区域的生态环境要素动态变化，发现其生态环境时空变化特点和规律，可为科学评价"一带一路"建设的生态环境影响提供科技支撑；此外，重要廊道和节点城市高分辨率遥感信息的获取，还将为开展"一带一路"建设项目投资前期、中期、后期生态环境监测与评估，分析其生态环境特征、发展潜力及可能存在的生态环境风险提供重要保障。

本报告作为《2015 全球生态环境遥感监测年度报告》的欧洲区分卷，基于对2000 ～ 2015 年的风云卫星（FY）、海洋卫星（HY）、环境卫星（HJ）、高分卫星（GF）、陆地卫星（Landsat）和地球观测系统（EOS）Terra/Aqua 卫星等多源、多时空尺度遥感数据的标准化处理和模型运算所形成的遥感数据产品，对"一带一路"欧洲区整体及重要廊道新亚欧大陆桥沿线的生态环境状况、社会经济发展状况开展分析；并选取 11 个"一带一路"欧洲区重要节点城市，对其城市与周边的土地利用情况、城市分布现状与扩张趋势进行详细分析。报告及相关数据集成果可为"一带一路"倡议在欧洲区的推进和开发提供数据支持与服务。

此外，本书所用遥感数据来自全球陆表特征参量（global land surface satellite，GLASS）遥感数据集产品、2010基准年的30m全球地表覆盖遥感制图数据产品（GlobeLand30-2010）、"多源数据协同定量遥感产品生产系统"（MUSYQ）等。在此谨对相关研发专家和徐新良、李静、高帅、穆西晗、刘素红、张海龙等数据产品研制人员的学术贡献表示诚挚的谢意！本书的研制与出版，也是北京师范大学遥感科学国家重点实验室的科研成果，得到了实验室的出版资助，在此表示衷心的感谢！

作　者

2017 年 12 月

目 录

第1章　欧洲区生态环境与社会经济发展背景

欧洲位于亚欧大陆西部，是世界大洲当中与各大洲地理距离最近的洲。欧洲自然条件优越，地势低平，大部坐落在北温带的西风带，是世界上温带海洋性气候分布面积最广的大洲。欧洲经济发达，多属发达和中等发达国家，区域一体化程度居世界领先水平。

1.1　区 位 特 征

本章所述的欧洲区系指不含俄罗斯部分的欧洲，西濒大西洋，北临北冰洋，东与蒙俄区（蒙古和俄罗斯）相连，南隔地中海与非洲东北部区相望。本章所述欧洲区东西经度跨越较大，东至 $40°$ $16'$ E，西至 $31°$ $10'$ W；南北纬度范围为 $34°$ $52'$ S 至 $71°$ $08'$ N。

1.1.1　欧洲在"一带一路"国际合作中的重要性

1. 欧洲是"一带一路"的重要合作者与推动者

欧盟参与"一带一路"建设与中国有着共同的利益和重要战略契合。中欧关系从1998 年"合作伙伴"，发展为 2001 年"全面合作伙伴"，2003 年提升为"全面战略伙伴"，并于 2014 年成为以"和平、增长、改革、文明"为主要内涵的全面战略伙伴。近年，一方面，欧洲正在实施旨在促增长、促就业、促竞争的"容克计划"，与中国"一带一路"倡议有很大的对接空间，将有力推进欧盟内的中东欧成员国亟待加强的基础设施、交通运输等建设；另一方面，伴随人民币国际化的迅猛发展，中欧之间已经启动了人民币与欧元、人民币与英镑的直接交易，欧洲市场已有伦敦、法兰克福、巴黎、卢森堡几家央行授权的为人民币境外清算行。欧洲拥有较为雄厚的资金、技术、科技等实力，中国拥有世界最强的制造能力及高端技术市场化能力，欧洲参与"一带一路"国际合作将极大地促进中欧双方分别建立自己的比较优势，在经济全球化体系中逐步实现世界两大力量、两大市场、两大文明在道路交通、信息交流、文化沟通的互联互通。欧洲参与"一带一路"，也将拓展中国在世界制造业和区域经济一体化中的国际合作空间。

随着 2015 年 6 月 6 日中国与匈牙利两国关于共同推进"一带一路"建设的政府间合作备忘录的签署，中国的"一带一路"倡议正在与欧洲许多国家"向东开放"的政策实现战略对接，欧洲应当也完全可以成为"一带一路"的参与者、推动者、建设者、合作者，与中国共同建设横跨亚欧大陆、互惠互利的利益共同体、命运共同体和责任共同体。

2. 新亚欧大陆桥是"一带一路"的重要国际经济合作走廊之一

历史上，欧洲和中国是通过陆上和海上丝绸之路联系在一起的。欧洲和中国分别是亚欧大陆两端的文明中心，然而自然条件和技术条件的限制，沙漠、戈壁、高山的阻挡和交通工具的落后使得两者之间的交通往来非常艰难。工业革命以后，随着航海技术的发展进步，两者之间的海洋联系开始建立并逐步加强，陆上联系也随着交通的发展特别是亚欧大陆桥的建设而日益密切。目前亚欧大陆桥有三条，但对中欧之间合作交流影响最大的为新亚欧大陆桥，它也是"一带一路"的重要廊道（图 1-1）。在通往欧洲的货运通道上，中欧班列已经构建西、中、东三个通道。据中国铁路总公司统计，截止到 2014年 11 月 26 日，国内各地开往欧洲的班列 257 列。随着互联互通的实现，中欧双方围绕新亚欧大陆桥沿线重要节点城市及欧洲重要城市，开展了金融创新、跨境旅游、人民币国际化和人文等领域的合作。新亚欧大陆桥已成为中国与欧洲推动"一带一路"建设、促进国家间经贸合作、以贸易投资带动沿线国家经济繁荣的重要载体。

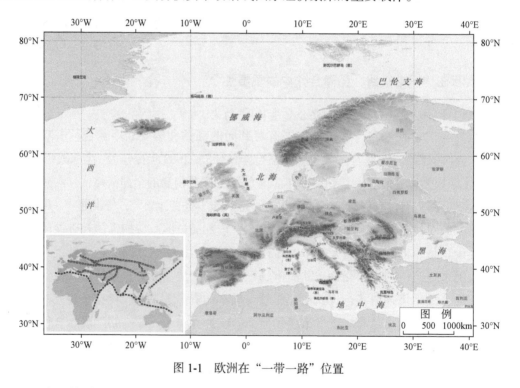

图 1-1 欧洲在"一带一路"位置

1.1.2 欧洲的地理区划

欧洲区有 43 个国家和 2 个地区，分为东欧、南欧、西欧、中欧和北欧五个地区（图 1-2）。

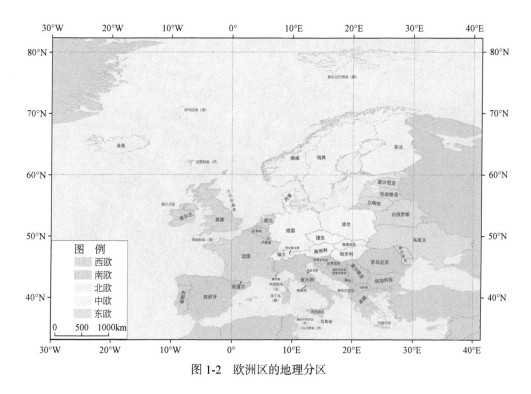

图 1-2　欧洲区的地理分区

东欧包括爱沙尼亚、拉脱维亚、立陶宛、白俄罗斯、乌克兰、摩尔多瓦 6 个国家；南欧包括塞尔维亚、黑山、克罗地亚、斯洛文尼亚、波斯尼亚和黑塞哥维那、马其顿、罗马尼亚、保加利亚、阿尔巴尼亚、希腊、意大利、梵蒂冈、圣马力诺、马耳他、西班牙、葡萄牙和安道尔 17 个国家和直布罗陀地区；西欧包括英国、爱尔兰、荷兰、比利时、卢森堡、法国和摩纳哥 7 个国家；中欧包括波兰、捷克、斯洛伐克、匈牙利、德国、奥地利、瑞士、列支敦士登 8 个国家；北欧包括冰岛、丹麦、挪威、瑞典、芬兰 5 个国家和法罗群岛（丹）地区。

1.2　自然环境特征

1.2.1　地形地貌

欧洲是世界上地势最为低平的大洲，平均海拔 300m 左右，海拔在 200m 以下的地区占全洲 60%。地形总体特征呈现南北高、中间低的格局（图 1-3）：北部以斯堪的纳维亚山脉为主，地势较高；中部是较为广阔的平原，西欧平原、中欧平原（波德平原）、东欧平原几乎连为一体，地势平坦，在阿尔卑斯山系中交错分布着河流冲积平原，地形高低起伏。

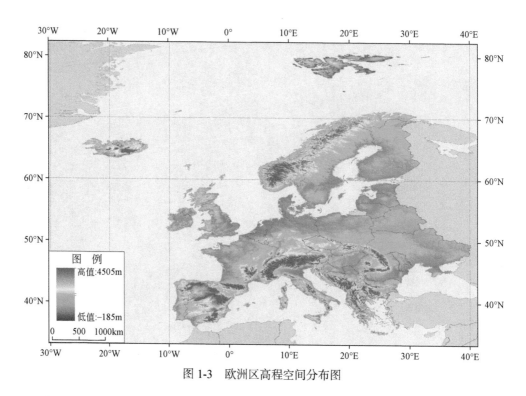

图 1-3　欧洲区高程空间分布图

1.2.2　气候特征

欧洲三面临海，多半岛和岛屿，众多的半岛和岛屿把欧洲大陆边缘的海洋分割成许多边缘海、内海和海湾，众多海湾深入内陆，其气候类型也深受海洋与风带影响。欧洲的地带性气候类型主要有三种，分别为温带海洋性气候、亚热带夏干气候和温带大陆性气候（图 1-4）。

西部沿海地区受来自大西洋的盛行西风的影响较大，以温带海洋性气候为主，加上北大西洋暖流的增温增湿作用和地形无较大阻挡的原因，这一气候类型向北和向东有更大的扩展，属于温带海洋性气候的主要有英国、爱尔兰、法国、荷兰、比利时、丹麦，以及冰岛南部、西班牙北部、德国西部和挪威的南端；这一带的主要气候特征是终年温和湿润。

南部地区受西风带和副热带高气压交替控制，形成典型的地中海气候，主要有葡萄牙、意大利、希腊等地中海沿岸国家。这一带的气候特征是夏季炎热干燥，冬季温和湿润。东部地区由于深居内陆，远离海洋，湿润气候难以到达，形成温带大陆性气候，主要有白俄罗斯、乌克兰、罗马尼亚、保加利亚等国家。这一带的气候特征是冬季寒冷干燥，夏季温和湿润，气温年较差大，降水稀少且集中在夏季。

而中部地区的波兰、捷克、匈牙利等国则是处于几种气候之间的过渡气候类型。在

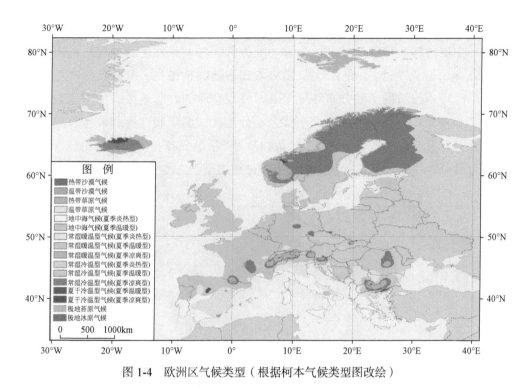

图 1-4　欧洲区气候类型（根据柯本气候类型图改绘）

三大地带性气候类型区以外，还有北部小范围的苔原气候、南部阿尔卑斯山脉和喀尔巴阡山脉地区的山地气候。总体来看，欧洲的气候类型较为温和，热量充足、天然降水适中，鲜有极端天气的出现。

1.2.3　水文、水资源特征

欧洲的河网稠密、水量丰沛，不少河流之间由于分水岭不高已开凿运河连接。整个大洲的河流以东北—西南向的总分水岭为界，分水岭沿线经过北乌瓦累丘陵—瓦尔代高地—喀尔巴阡山脉—阿尔卑斯山脉—安达卢西亚山脉，该线以西以北流入大西洋和北冰洋，以东以南流入里海、黑海和地中海。欧洲主要的河流有多瑙河、莱茵河、罗讷河、泰晤士河等，这些河流大多流经多个国家，是欧洲国家之间的重要通道。

欧洲还拥有众多的湖泊，且多小湖群。湖泊主要分布在北欧地区和阿尔卑斯山地区，斯堪的纳维亚半岛是欧洲湖泊分布最集中的地区，有大小湖泊 10 万多个，其中芬兰境内湖泊众多，有"千湖之国"美称；东欧—中欧平原北部一带的湖泊密度大，但多为小湖，面积不大且深度较小；阿尔卑斯山区也是湖泊集中区。欧洲的湖泊多为冰川作用形成，如阿尔卑斯山麓就分布着许多较大的冰碛湖和构造湖。

1.2.4　植被特征

欧洲气候温和、水资源丰富，适宜植物生长，地表植被覆盖度高；由于各国海拔、气候相差不大，植被类型、生态类型种类较其他大洲偏少，但仍存在一定的区域差异。欧洲森林主要包括温带阔叶林和混生林、北方针叶林，此外还有少量的温带针叶林、地中海森林/疏林/灌丛（图1-5）。欧洲农田占地比例很高，除北欧外，其他各区农田分布广泛。从植被的空间分布特征来看，气候寒冷的北欧地区的植被类型主要为寒带针叶林和苔原；而西欧、中欧、东欧大部分地区被温带阔叶林和混生林覆盖，东欧黑海沿岸的乌克兰等地区有温带草原/稀树草原/灌丛分布，阿尔卑斯山脉、喀尔巴阡山脉则有温带针叶林分布；南欧地区的主要植被类型则为地中海森林/疏林/灌丛。

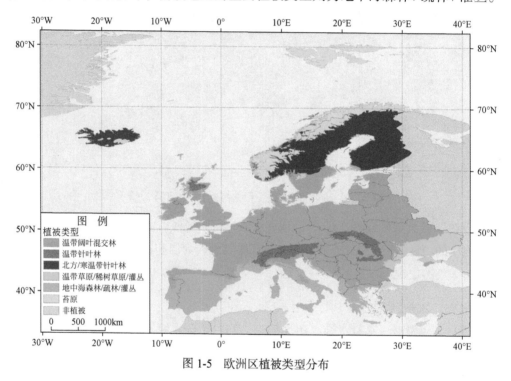

图 1-5　欧洲区植被类型分布

1.3　社会经济特征

1.3.1　人口、民族与宗教概况

欧洲总人口近6亿（2014），仅次于亚洲和非洲，在世界各大洲中列第3位。近年人口增速平缓（图1-6），部分国家已出现了人口零增长甚至负增长的现象（如罗马尼亚、白俄罗斯等）。从空间分布来看，欧洲人口分布相对均匀，但仍呈现出西密东疏、中部人口集中、南北人口密度较低的格局（图1-7）。

欧洲的国家、民族、语言、宗教多具一致性。欧洲种族构成单一，人口中99%属于欧罗巴人种；主要民族包括日耳曼民族、斯拉夫民族及凯尔特民族，还有犹太人、

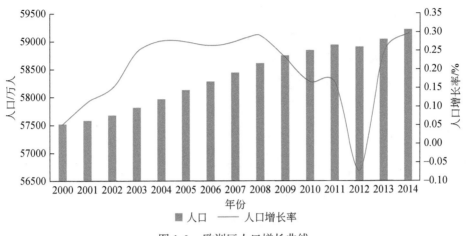

图 1-6　欧洲区人口增长曲线

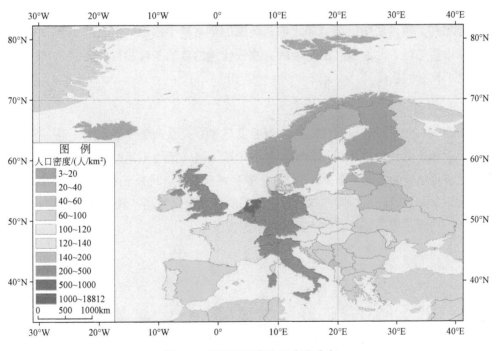

图 1-7　欧洲区国家人口密度分布

匈牙利人、芬兰人、希腊人、吉普赛人等；欧洲人大多信仰基督教，其中又分为信奉天主教、东正教及新教三大流派：天主教流行于西欧国家，以天主教占主导的国家包括意大利、法国、比利时、卢森堡、奥地利、爱尔兰、波兰、捷克、匈牙利、斯洛伐克、立陶宛、克罗地亚、斯洛文尼亚、西班牙、葡萄牙、列支敦士登、摩纳哥、圣马力诺、马耳他及安道尔；东正教流行于东南欧，乌克兰、白俄罗斯、希腊、罗马尼亚、保加利亚、塞尔维亚、马其顿、黑山等国家的人口大多信奉东正教;新教主要流行于北欧、中欧和大不列颠。以新教占主导的国家包括英国、丹麦、挪威、瑞典、冰岛、芬兰、爱沙尼亚和拉脱维亚。犹太人仍然信仰犹太教;此外,欧洲还有一小部分人,如欧洲部分的土耳其人、波斯尼亚人、部分阿尔巴尼亚人、部分保加利亚人和部分吉普赛人等信奉伊斯兰教。

1.3.2 社会经济状况

1. 主要农业和矿产资源

欧洲地形平坦、气候温和、土壤肥沃,物产丰富。森林覆盖率极高,海洋资源丰富,有多个著名渔场,如挪威海、北海、巴伦支海、波罗的海及比斯开湾等;农田分布广泛,主要粮食作物为小麦及玉米,其中乌克兰、法国为欧洲最大的农产品生产国。欧洲的主要矿物资源为煤、石油、铁与钾盐,其中煤主要分布在乌克兰的顿巴斯、波兰的西里西亚、德国的鲁尔和萨尔、法国的洛林和北部、英国的英格兰中部等地,石油主要分布在喀尔巴阡山脉山麓地区、北海及其沿岸地区。欧洲优越的自然条件和自然资源为其社会经济发展奠定了良好的基础。

2. 经济发展状况

由 2000 ~ 2014 年欧洲国民生产总值的变化来看,欧洲整体经济水平高且发展相对平稳,但近年来受到经济危机等影响,存在增速不高、活力不足的问题,部分年份甚至出现了经济负增长的情况(图 1-8)。由经济发展水平的空间分布来看,虽然欧洲各国经济发展水平差距相对较小,但在空间分布上仍明显呈现出西高东低的格局(图 1-9),西部的德国、法国、英国等国家经济发展水平更高。

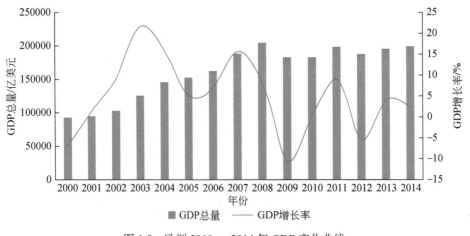

图 1-8　欧洲 2000 ~ 2014 年 GDP 变化曲线

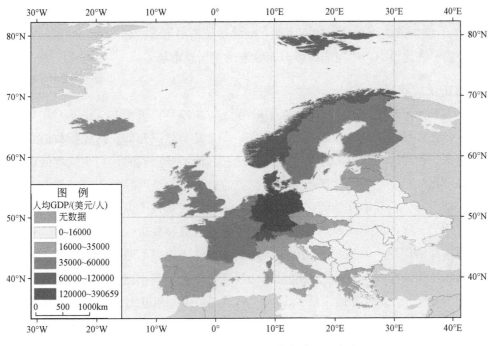

图 1-9 欧洲各国人均 GDP 分布（2014 年）

3.与中国贸易状况

欧洲和中国经贸往来频繁，双边贸易规模巨大。受 2009 年金融危机影响，欧洲出口贸易量出现萎缩，但与中国的贸易额持续增长（图 1-10），呈现出中欧贸易潜力巨大，前景广阔的态势。

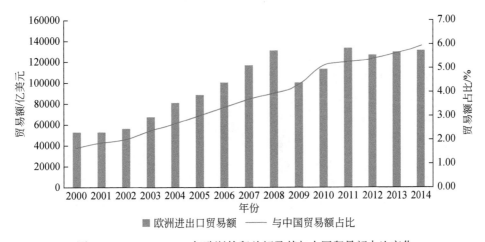

图 1-10 2000～2014 年欧洲外贸总额及其与中国贸易额占比变化

中国是欧盟仅次于美国的第二大贸易伙伴，2014年中欧货物贸易额占欧盟对外贸易总额的6%。但中欧之间贸易结构不平衡、贸易地位不对等，中国与欧洲的贸易额在欧洲的总贸易额中占比很小，中国应继续开拓欧洲的进出口市场。

1.3.3　城市扩展状况

欧洲国家普遍经济发达、城市化水平较高。由2013年灯光分布（图1-11）来看，欧洲是世界各大区域中灯光指数最高的地区之一，尤其是欧洲西部。灯光指数最高的地区是英国南部、葡萄牙西部沿海地区、意大利北部、荷兰及比利时，表明这些区域工业化水平、城市化水平非常高，显现出分别以伦敦、巴黎这两个国际大都市为核心向四周辐射的两大城市群；欧洲中部的国家如德国、奥地利等灯光强度虽不如上述地区，但灯光分布相对均匀，整体灯光指数均较高；其他国家则明显显现出灯光团块，团块地区大多是各国的首都圈周围。由2000～2013年灯光指数变化趋势（图1-12）可见，虽然近十年来灯光亮度整体增强，但灯光强度整体格局变化不大、变化速率不快，各地灯光指数变化斜率为0～1；波兰等地区灯光变化速率呈现负值，东欧地区及北欧的南部灯光变亮速率则相对较快，大部分为0.1～1。

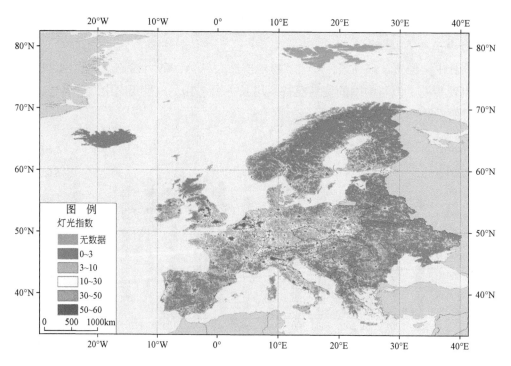

图1-11　2013年欧洲灯光分布

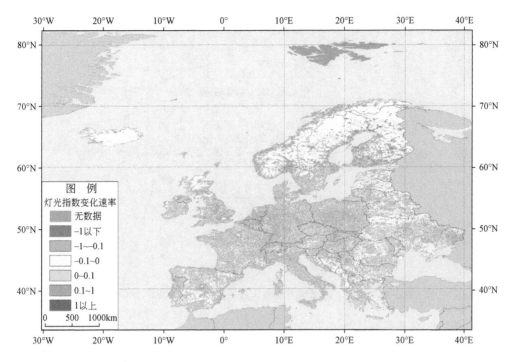

图 1-12　2000～2013 年欧洲区灯光指数变化速率

1.3.4　欧洲区域性组织

欧洲地表轮廓破碎，国家众多，第二次世界大战之后出于自然资源互补、联合应对苏美两极世界的考量，欧洲国家最先走向一体化，从欧洲煤钢共同体走向欧洲经济共同体，再发展为欧洲共同体、欧洲联盟。目前，欧盟是世界上一体化程度最深、经济规模最大的区域集团，截至 2013 年 7 月 1 日，有成员国 28 个，正式官方语言 24 种，面积 242 万 km²，人口 5 亿，GDP17.36 亿美元，人均 GDP 为 34038 美元（2013 年）。欧盟总部设在比利时布鲁塞尔。成员国大多为北大西洋公约组织（NATO）成员国。

在欧洲一体化进程中，不断深化社会经济一体化特别是金融货币一体化，建设了欧洲商品、劳务、人员、资本四大自由流通。签订《申根公约》形成申根区，取消相互间的边境检查点，持有任意成员国有效身份证或签证的人可以在所有成员国境内自由流动；成立了欧洲经济与货币联盟，建立了欧元区。

欧盟国家、申根国家和欧元区国家有重合，但并不完全相同。申根国家当中除挪威、瑞士、冰岛及列支敦士登之外均为欧盟国家，但欧盟中的英国、爱尔兰、塞浦路斯、罗马尼亚不是申根成员国（图 1-13）。欧盟国家属于欧元区的国家有 19 个，包括奥地利、比利时、芬兰、法国、德国、爱尔兰、意大利、卢森堡、荷兰、葡萄牙、西班牙、希腊、斯洛文尼亚、塞浦路斯、马耳他、斯洛伐克、爱沙尼亚、拉脱维亚、立陶宛，其他 9 个

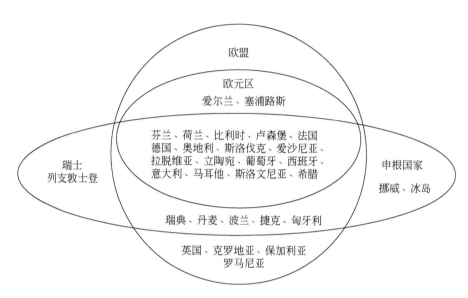

图 1-13　欧盟、欧元区及申根区成员国示意图（截至 2013 年）

欧盟国家非欧元区成员国，欧元不是它们的唯一合法货币。

　　中国与欧盟分别是全球最大的发展中国家和全球最大的区域经济集团，中国是欧盟第二大贸易伙伴，欧盟连续十余年保持中国第一大贸易伙伴地位，双方年度贸易额突破 5500 亿美元，人员往来每年超过 500 万人次[①]。欧盟还是中国吸收外资最重要的来源地之一和技术引进第一大来源地，双方合作应对国际金融危机，推进全球治理改革，就重大国际和地区问题加强沟通协调，是当今世界舞台上维护和平与促进发展的两支重要力量。中国已同欧盟建立起全面合作战略伙伴关系，全面发展同欧盟及其成员国长期稳定的互利合作关系。

1.4　小　　结

　　欧洲地理位置适中，地势低平，气候温和，水热条件和生态环境优越，经济发达。自古以来，欧洲便与中国进行贸易往来与文明交流。由于其雄厚的资金、技术实力及与中国之间深厚的共同战略利益，是"一带一路"核心区域和强有力的参与者、合作者与推动者。"一带一路"倡议将重点沿"新亚欧大陆桥"的节点城市开展与欧洲之间进一步的合作往来。随着中国积极参与欧洲的"容克计划"，加强基础设施建设领域的合作、推进人民币国际化的进程，中欧之间的合作往来必会提升到新的高度。

---

　　① 新华社 . 深化互利共赢的中欧全面战略伙伴关系——中国对欧盟政策文件 . http : //news.xinhuanet. com/world/ 2014-04/02/.

第2章 欧洲主要生态资源分布与生态环境限制

欧洲自然条件优越，植被覆盖率较高，但由于各大区海拔、气候等条件总体差异不大，其植被类型、生态类型种类不多。由生态资源的空间分布来看，东欧、西欧、中欧及东欧的状况相似，北欧由于气候寒冷，与其他地区略有不同。但总体来说，欧洲自然环境良好，除分布广泛的自然保护区限制外，该地区发展并未面临严重的生态环境限制。

2.1 土地覆盖与土地开发

2.1.1 土地覆盖

1. 土地覆盖主要类型是农田和森林

欧洲区土地覆盖类型主要有8类：农田、森林、草地、灌丛、水体、人造地表、裸地及冰雪（图2-1）。欧洲生态环境良好，农田与森林的覆盖率高（图2-2），二者覆盖了欧洲大部分的面积，其中农田占欧洲总面积的49.75%，除北欧之外，各分区农田覆盖

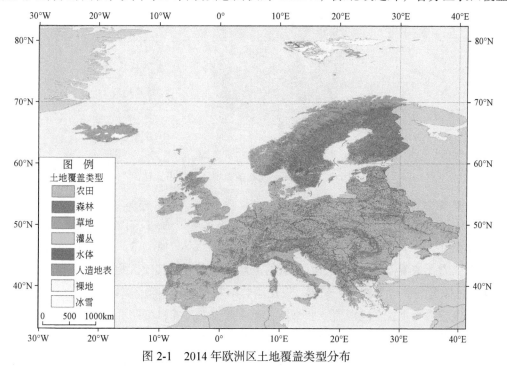

图2-1 2014年欧洲区土地覆盖类型分布

率都很高且分布均匀；森林占欧洲总面积的31.46%，与全球平均森林覆盖率（31%）持平，其中北欧森林覆盖率尤高。草地面积占欧洲总面积的9.46%；人造地表仅占欧洲总面积的4.43%，覆盖率不高，分布呈西高东低的态势，伦敦、巴黎两个特大城市周围人造地表覆盖率明显高于其他地区；水体、灌丛面积分别占欧洲总面积的2.33%和2.15%；而裸地、冰雪的覆盖率极低，二者相加仅占欧洲总面积的0.63%，其中冰雪只在北欧的瑞典有相对明显的分布。总体来看，欧洲植被覆盖率高，水资源丰富，生态环境良好，这与其平坦的地形、温润的气候息息相关。

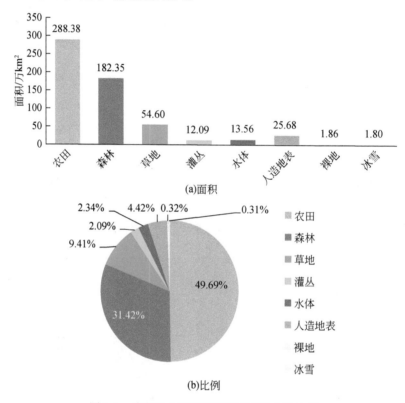

图2-2　欧洲区土地覆盖类型面积及占地比例

2. 除北欧以森林为主外，各分区土地覆盖类型相近，以农田为主

由各地类的空间分布来看，五个分区的主要土地覆盖均为农田、森林、草地、人造地表等地类，其中北欧的主要土地覆盖类型还包括水体（图2-3）。东欧、中欧、西欧、南欧地区的土地覆盖类型相似，而北欧的土地覆盖类型与其他区相差较大：北欧的森林、草地、水体覆盖率均为欧洲区最高，农田覆盖率和人造地表覆盖率低。东欧、中欧、西欧、南欧则以农田为主，农田覆盖率非常高；森林覆盖率虽明显低于北欧，但都在20%以上；人造地表覆盖率较低，但略高于北欧；冰雪覆盖率极低，尤其东欧地区冰雪覆盖面积几乎为0。除北欧外，西欧的植被覆盖率最高、人造地表覆盖率最低，生态环境非常好。

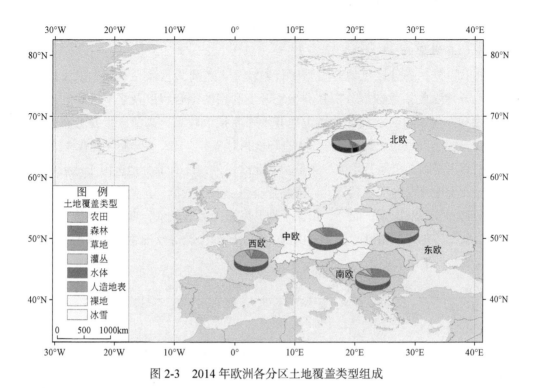

图 2-3 2014 年欧洲各分区土地覆盖类型组成

3. 各分区土地覆盖类型人均水平差异大，东欧人均农田面积最高，北欧人均森林面积远超其他分区

欧洲各区人口分布差异大，土地覆盖类型的人均面积也相差很大（表 2-1）。西欧各地类的人均占地面积均不高，其中人均森林面积为欧洲最低。南欧农田及人造地表面积最为广阔，但由于人口是欧洲最多的地区，人均农田面积、人均人造地表占地面积并不突出；然而其人均草地、人均灌丛占地面积仅次于北欧，可见草地、灌丛的覆盖面积较广。北欧人口稀少，各类土地覆盖类型的总面积和人均占地面积几乎都位列前茅，尤其是森林、草地、水体及冰雪等地类。东欧除灌丛、裸地、冰雪外，其他土地覆盖类型面积本就较广，再加上人口较少，各地类的人均占地面积均较高，其中人均农田面积为其他地区的 2 ～ 3倍。中欧各地类的人均占地面积均较低，其中草地、灌丛人均占地面积为欧洲最低。

表 2-1 2014 年欧洲各分区土地覆盖类型人均占地面积　　　单位：km²/ 万人

地区	人均占地面积							
	农田	森林	草地	灌丛	水体	人造地表	裸地	冰雪
西欧	36.56	11.82	3.47	0.20	0.47	3.51	0.11	0.02
南欧	50.57	25.71	5.97	5.72	0.78	3.93	0.22	0.02
北欧	49.57	240.37	125.06	6.30	32.55	6.36	3.64	6.24
东欧	102.59	37.94	4.27	0.06	3.00	8.14	0.04	0.00
中欧	37.31	18.66	1.75	0.01	0.57	3.77	0.19	0.06

2.1.2 土地开发强度

除北欧以外，各分区土地开发强度普遍较高，主要为垦殖性利用和建设性开发。采用土地开发强度指数数据分析欧洲土地开发利用的综合程度及影响土地利用程度的自然环境和人为因素。欧洲区整体土地开发强度指数较高，高值区主要分布在农田和城镇（图2-4）。北欧由于气候严寒、生态环境相对恶劣，且大部分地区被森林植被覆盖，人类开发利用受限，土地开发强度最低。除北欧以外，还有部分地区限于地形或其他自然因素导致土地开发强度也较低，如濒临亚得里亚海的波黑、黑山、阿尔巴尼亚、塞尔维亚、马其顿等南欧国家；此外，山区土地开发强度普遍较低，斯堪的纳维亚山脉、比利牛斯山脉、阿尔卑斯山脉、亚平宁山脉、喀尔巴阡山脉等欧洲主要山脉附近的土地开发强度均明显低于周边地区。

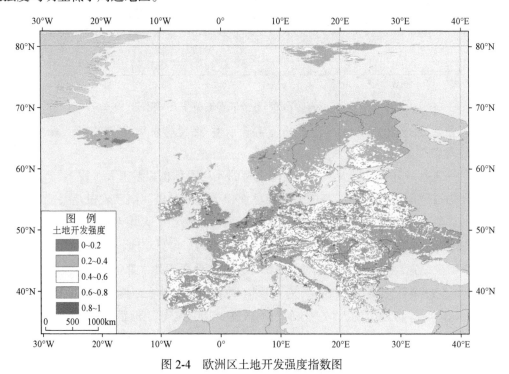

图2-4 欧洲区土地开发强度指数图

2.2 气候资源分布

2.2.1 温度与光合有效辐射

欧洲纬度跨越相对较大，气温的空间分布也存在一定的差异性。分析2014年欧洲气温空间分布特征（图2-5），可见区域最大温差可达27℃左右；其中温度最低的北欧北部气温低至零下7～2℃，而温度最高的西班牙、意大利南部温度则为18～20℃。气温空间分布总体呈现南高北低的格局，此外山区的气温明显低于周边地区，尤其是阿尔卑斯山脉气温与周边差异较大。

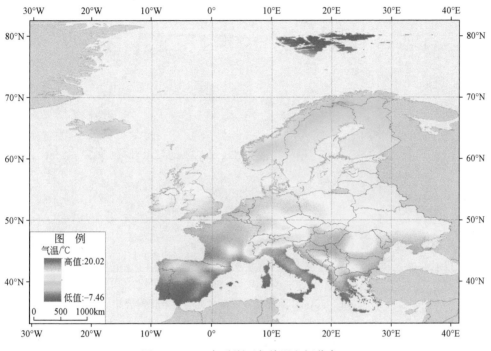

图 2-5　2014 年欧洲区年均温空间分布

光合有效辐射高值集中于南部，自南至北依次降低。利用光合有效辐射年均值遥感产品分析欧洲植被生长光照条件分布状况（图 2-6），光合有效辐射总体上随纬度而变化，呈现出自南向北逐渐降低的趋势，2014 年月均最大光合有效辐射为 0 ～ 108W/m² 。月均最大光合有效辐射在 40W/m² 以下的区域主要在北欧地区挪威、瑞典、芬兰的北部；月均最大光合有效辐射为 40 ～ 65W/m² 的区域主要集中在 50° ～ 65° N；而月均最大光合有效辐射在 65W/m² 以上的区域主要分布在欧洲南部，其中西班牙、意大利南部及希腊等地的月均最大光合有效辐射在 75W/m² 以上，是欧洲月均最大光合有效辐射最高的地区。

从欧洲各分区月均最大光合有效辐射（图 2-7）可以看出：各分区的月均最大光合有效辐射为 43 ～ 76 W/m² ，其中，月均最大光合有效辐射最高的是南欧，为 75.25 W/m² ，最低的是北欧，为 43.76 W/m² ，两个分区的月均最大光合有效辐射差接近 32 W/m² ，差异较大。由于东欧、中欧、西欧三个分区纬度跨度较相似，月均最大光合有效辐射差异不大。

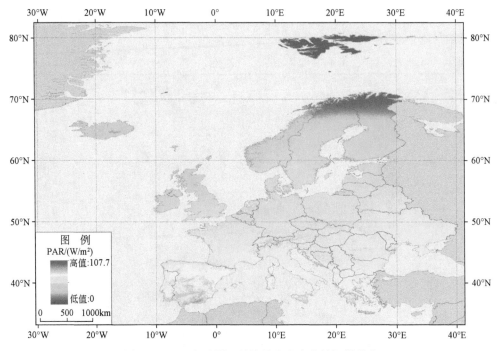

图 2-6　2014 年欧洲区月均最大光合有效辐射分布

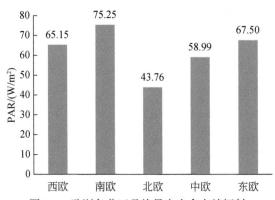

图 2-7　欧洲各分区月均最大光合有效辐射

2.2.2　降水与蒸散分布格局

1. 降水存在空间差异，东欧、中欧降水量季节差异明显

2014 年欧洲区降水量空间分布呈现出明显的西高东低特征（图 2-8）。其中，受温带海洋气候影响的挪威西部、冰岛南部、爱尔兰及英国西部，和受地中海沿岸受地中海气候影响的奥地利、巴尔干半岛的降水量较高，可达 1300mm 以上。而陆地深处的东欧国家及受苔原气候影响的北欧东部则降水量普遍偏低，基本不足 400mm。

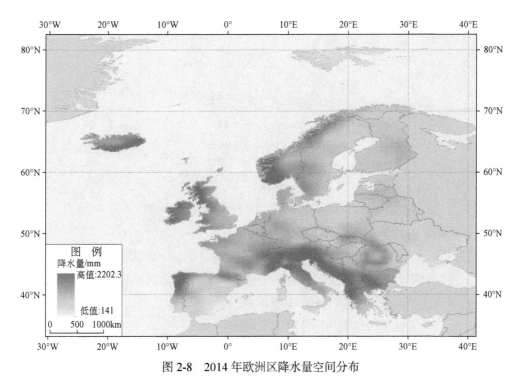

图 2-8　2014 年欧洲区降水量空间分布

统计分析 2014 年欧洲五个分区的年均降水量（图 2-9），由于气候有所差异，欧洲各区的年均降水量也有所差异。西欧的年均降水量最高，但也仅为 962.70mm，东欧的降水量最低且与其他地区差距较大，仅为 579.83mm。

图 2-9　2014 年欧洲各分区降水量

中欧、东欧地区受温带大陆性气候影响，降水量具有明显的干湿季差异（图 2-10），5 ～ 8 月降水量较高，东欧 5 ～ 8 月的降水量占全年降水量的 40.76%。西欧、南欧、北欧地区的降水量季节差异则不大，其中西欧地区各个季度的降水量基本都高于其他地区。

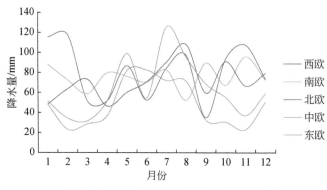

图 2-10　2014 年欧洲各分区降水季节变化

2. 地表实际蒸散量除北欧外差异较小

统计分析 2014 年欧洲区蒸散量空间分布（图 2-11），除北欧外其他几个地区蒸散量差距不大。欧洲大部分地区蒸散量为 300 ～ 900mm；最高蒸散量可达 1200mm 以上，但分布较少；而北欧的大部分地区、阿尔卑斯山脉、地中海沿岸的西班牙等地区蒸散量最小，不到 300mm，低于全球陆地平均蒸散量（410mm）。

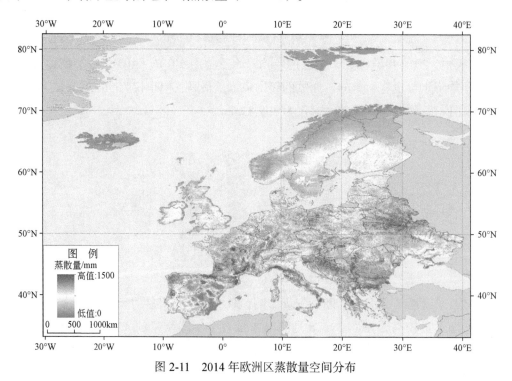

图 2-11　2014 年欧洲区蒸散量空间分布

统计分析 2014 年欧洲各分区的蒸散量，除北欧之外，其他四个分区之间的蒸散量差异较小（图 2-12）。欧洲年蒸散量分布在 620 ～ 720mm，东欧与中欧、南欧与西欧两两之间年蒸散量的差距更小。而北欧由于纬度较高、太阳辐射较弱，蒸散量比欧洲其他区域都要低，年蒸散量仅为 409.10mm。

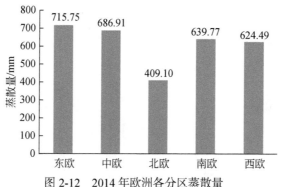

图 2-12　2014 年欧洲各分区蒸散量

欧洲东欧、中欧及北欧的蒸散量季节变化特征较为相似，而西欧、南欧的蒸散量季节变化特征更为相似，但各区之间差异均不大（图 2-13）。欧洲各区蒸散量都存在明显的季节变化特征，蒸散量均在 6～8 月达到最高峰值；其中东欧地区在干湿季气候影响下蒸散量的季节差异最为显著；而受温带海洋性气候影响的西欧地区蒸散量的季节差异则相对较小。

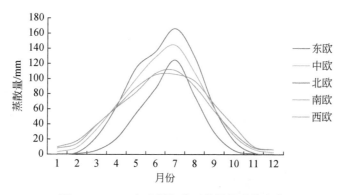

图 2-13　2014 年欧洲各分区蒸散量季节变化

3. 大部分地区水分盈余不足，自西向东水分盈余减少

统计分析 2014 年欧洲水分盈亏空间分布，水分盈亏与降水的空间分布特征较为一致，总体呈现出自西向东水分盈余减少的空间格局（图 2-14）。欧洲绝大部分地区的水分盈亏水平为 0～400mm，总体看来低于全球陆地平均水分盈余量（375 mm）；仅阿尔卑斯山脉、巴尔干半岛及北欧的挪威、冰岛水分盈余较为充足，最多盈余可达 2106mm。由空间分布来看（图 2-15），东欧大部分地区处于水分亏缺的状况，平均水分亏缺为 138mm，亏缺最多的地区甚至达到 1187mm；中欧水分盈余约为 84mm；南欧、西欧水分盈余稍多，但也未超过全球陆地平均水分盈余量；北欧地区水分盈余量最高，

达 441mm。

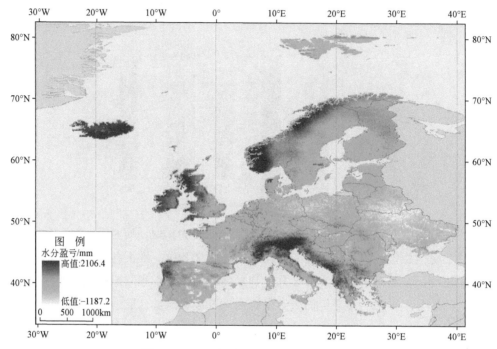

图 2-14 2014 年欧洲区水分盈亏空间分布

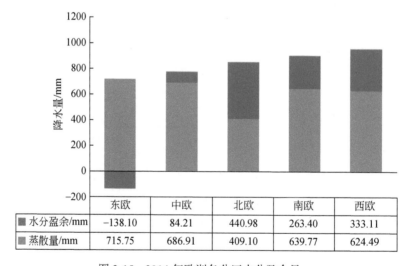

	东欧	中欧	北欧	南欧	西欧
■ 水分盈余/mm	−138.10	84.21	440.98	263.40	333.11
■ 蒸散量/mm	715.75	686.91	409.10	639.77	624.49

图 2-15 2014 年欧洲各分区水分盈余量

欧洲各区的水分盈亏季节变化特征较为一致,均在 6 ～ 8 月亏缺最为严重,而除北欧在 10 月水分盈余达到最高峰值外,其他各区都在 11 月至翌年 1 月水分盈余达到最高峰值,与蒸散的季节变化特征较为一致(图 2-16)。欧洲各区水分盈亏虽存在干湿季的变化，但季节变化相对平缓，最高盈余与最大亏缺之间的差异基本都在 130mm 左右。

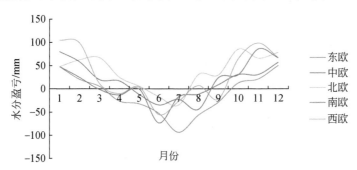

图 2-16　2014 年欧洲各分区水分盈亏季节变化

2.3　主要生态资源分布

2.3.1　农田生态系统

1. 农田空间分布在 55° N 以南地区，西欧平原是粮食主产区

欧洲除北欧和中欧北缘的沼泽区因为温度不足或排水条件较差以外，其他地区气候温和、降水量丰富，适宜作物生长，农田分布广阔且相对均匀，整个欧洲耕地面积达 288.38 万 km², 人均耕地面积达 0.48hm²/ 人，高于世界人均耕地面积（图 2-17）。

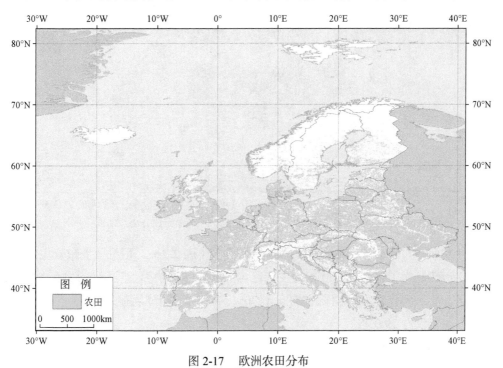

图 2-17　欧洲农田分布

2. 农作物以一年一熟的种植模式为主，主要分布在三大平原地区

利用 2014 年农作物主产区复种指数数据分析欧洲地区农作物种植空间分布特征（图 2-18）。复种指数是指一年内耕地上农作物总播种面积与耕地面积之比，即一年内耕地面积上种植农作物的平均次数，数值一般为 0 ～ 300%，受当地的自然条件（光、热、水、土等）和技术经济条件（劳动力、科学技术水平等）制约。由于地处北温带，欧洲农田的主产区复种指数通常在 100% ～ 200%，并以一年一熟的种植模式为主，热量条件不支持主产区复种指数为 300% 的情况。由其空间分布来看，北欧的农田分布非常少，复种指数也以 100% 为主，但瑞典南部肥沃的厄兰岛和哥得兰岛受到北大西洋暖流的影响，还存在一年两熟的种植模式（刘厚元，1983）；东欧多为一年一熟的种植模式；其他地区尤其是欧洲西部的农作物主产区复种指数相对较高，一年两熟的种植模式分布较广，土地利用强度较大；这种分布与其气候类型分布、水热条件息息相关。

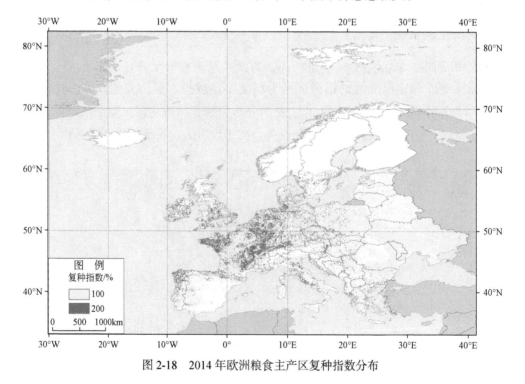

图 2-18　2014 年欧洲粮食主产区复种指数分布

统计欧洲各大区农作物主产区复种指数的比例（表 2-2），可见欧洲粮食主产区大部分以一年一熟制为主，其中东欧粮食主产区内一年一熟作物面积比例高达 99.59%，其他各个大区一年一熟作物种植面积也均高于 70%；一年两熟作物面积较少，在西欧所占比例最高，却也仅占 29.05%。

表 2-2　欧洲各大分区农作物主产区复种指数的比例分布表　　　　单位：%

复种指数	东欧	中欧	北欧	南欧	西欧
100	99.59	88.16	86.58	90.32	70.95
200	0.41	11.84	13.42	9.68	29.05

3. 主要农作物为小麦及玉米，法国和乌克兰是主要粮食生产国

欧洲主要的农作物包括小麦及玉米，且小麦是最为主要的农作物品种。法国、乌克兰是欧洲最大的农产品生产国，法国是世界"五大谷物出口国"之一，其小麦产量为欧洲最高，玉米产量也较高；德国小麦产量高，但玉米产量较少；乌克兰的玉米产量最高，小麦产量也很高，此外乌克兰还出产少量的大豆（表 2-3）。

表 2-3　2014 年欧洲区主要农作物产量　　　　单位：万 t

国家	玉米	小麦	大豆
英国	0	1462	0
罗马尼亚	1115	744	0
法国	1505	3975	0
波兰	0	1061	0
德国	465	2768	0
乌克兰	2998	2310	385

2.3.2　森林生态系统

1. 以温带阔叶林和混生林、北方针叶林为主，森林资源丰富

欧洲植被类型中，森林类型相对较少，主要类型为温带阔叶林和混生林、北方针叶林，此外还包括少量的温带针叶林、地中海森林 / 疏林 / 灌丛。其中北方针叶林主要分布在气候寒冷的北欧地区，温带阔叶林和混生林则基本遍布欧洲的其他地区，地中海沿岸一带主要是地中海森林 / 疏林 / 灌丛，温带针叶林主要生长在阿尔卑斯山脉、喀尔巴阡山脉。欧洲森林覆盖面积达 $182.35km^2$，占欧洲面积的 31.36%；人均森林面积达 $0.31hm^2$/ 人，略低于世界平均水平，但北欧的森林分布非常广阔，人均森林面积高达 $2.4hm^2$/ 人。

2. 森林地上生物量总量外缘低、中间高

利用 1km 遥感植被覆盖度（FVC）产品分析 2014 年欧洲森林地上生物量空间分布特征（图 2-19），可见欧洲森林地上生物量总体水平不高，总量约 1.4 亿 t，生物量高于 $100t/hm^2$ 的地区较少。其分布在空间上存在外缘低、中间高的现象：北欧的挪威、冰岛纬度较高，森林地上生物量极低，而瑞典及芬兰南部森林地上生物量相对较高，为 $60 \sim 194t/hm^2$；南部的西班牙仅西北沿海一带植被覆盖度相对较高，为 $0 \sim 80t/hm^2$，其

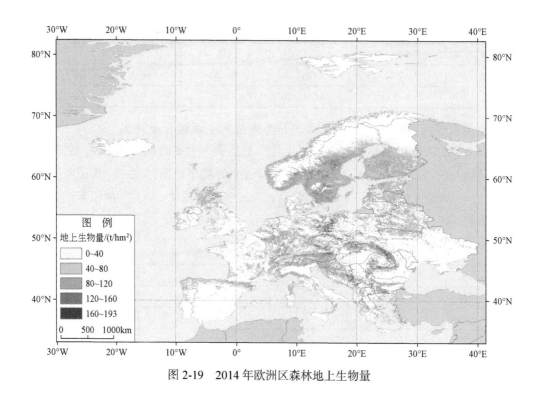

图 2-19　2014 年欧洲区森林地上生物量

他地区植被覆盖度基本为 0，这与这些地区少雨干旱的气候密切相关；东部的乌克兰及西部的法国、荷兰、比利时等地森林地上生物量均较低。

统计欧洲各区森林地上生物量估测结果（表 2-4），各区森林地上生物量总量相差不太大，北欧森林地上生物量总量最大，占欧洲森林地上生物量的 29.84%，而西欧的森林地上生物量最小，占欧洲的 10.97%。

表 2-4　欧洲各分区森林地上生物量遥感估测值

地区	生物量总量/（t/hm²）	比例/%
东欧	21313200	14.79
中欧	32074424	22.26
北欧	42985916	29.84
南欧	31883936	22.13
西欧	15802508	10.97

3. 森林年最大 LAI 有明显的空间分布差异

采用叶面积指数（LAI）产品来表征欧洲森林的年最大 LAI 空间分布特征（图 2-20）。欧洲森林年最大 LAI 具有明显的空间分布差异，其空间分布格局受土地覆盖变化的影响。虽然北欧除了挪威、冰岛之外的地区森林覆盖率极高，但由于其主要森林类型为针叶林，年最大叶面积指数虽高却并没有明显高于欧洲其他地区,此外比利牛斯山脉、亚平宁山脉、阿尔卑斯山脉、喀尔巴阡山脉几大山脉及爱沙尼亚、白俄罗斯等地年最大叶面积指数也较高。总体来看,欧洲森林年最大 LAI 极少有极低值区,这与欧洲优越的自然条件密不可分,空间分布上则呈现出中间高、外缘的南—东—北部偏低的格局。

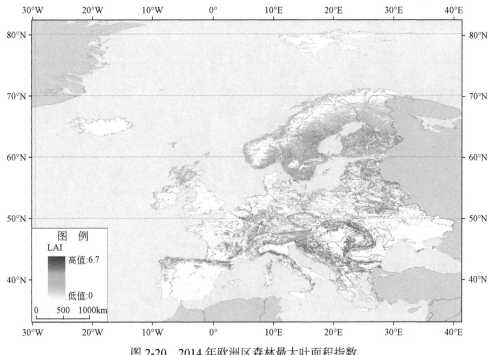

图 2-20　2014 年欧洲区森林最大叶面积指数

统计欧洲各区森林类型年最大 LAI 分析其空间特征(表 2-5)。欧洲各区之间森林类型年最大 LAI 均值相差不大,均接近 3。欧洲各区森林年最大 LAI 基本不大于 6,主要集中 2～6:除北欧之外,其他几个地区森林年最大 LAI 集中在 4～6 级别的比例均超过 50%,而北欧森林年最大 LAI 有 57.41% 的集中在 2～4 级别。

表 2-5　欧洲区森林类型年最大 LAI 区域差异

地区	年最大 LAI 均值	比例				
		＜1	[1, 2)	[2, 4)	[4, 6)	≥6
东欧	3.05	0.48%	2.39%	31.94%	65.19%	0.00%
西欧	3.21	0.40%	4.67%	43.32%	51.60%	0.01%
南欧	3.20	1.28%	10.42%	32.88%	55.39%	0.03%
中欧	3.05	0.26%	3.18%	40.19%	56.37%	0.00%
北欧	3.00	2.34%	7.92%	57.41%	32.33%	0.00%

4. 除北欧森林 NPP 较低之外, 其他分区 NPP 相对较高且空间差异不显著

利用遥感植被净初级生产力（NPP）产品分析 2014 年欧洲地区森林类型年累积 NPP 空间分布特征（图 2-21）。由空间分布看，北欧的 NPP 较低，仅挪威、瑞典南部边缘相对较高；而东欧、中欧、南欧、西欧相对较高且空间分布差异不明显。这主要是由于北欧主要的植被类型为北方针叶林，其净初级生产力明显低于其他地区的温带阔叶林与混交林。

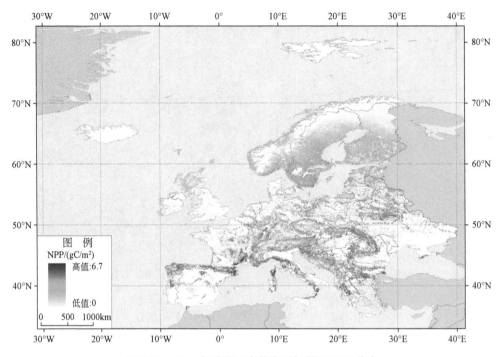

图 2-21 2014 年欧洲区森林类型年累积 NPP 分布

统计欧洲各区森林类型年累积 NPP 结果（表 2-6），欧洲各区年累积 NPP 值并不高，为 145.56 ～ 245.43gC/m²，其中中欧和北欧年累积 NPP 值最低，未达到欧洲平均值（201.25gC/m²），而南欧的森林年累积 NPP 值最高，达 245.43gC/m²；各个区域森林年累积 NPP 均主要集中在 100 ～ 300gC/m²，其中中欧与东欧在 100 ～ 300gC/m² 之间的比例分别高达 92.76% 及 92.12%，而西欧与南欧在 300 ～ 500gC/m² 也分别有 26% 与 31.91% 的比例，北欧则有 36.46% 的比例小于 100gC/m²。

表 2-6 欧洲区森林类型年累积 NPP 地区分布

地区	年累积 NPP 均值 / (gC/m²)	不同年累积 NPP 级别所占比例 /%			
		< 100	100 ～ 300	300 ～ 500	> 500
西欧	228.33	12.82	61.17	26.01	0.00

地区	年累积 NPP 均值 / (gC/m²)	不同年累积 NPP 级别所占比例 /%			
		< 100	100 ～ 300	300 ～ 500	> 500
南欧	245.43	3.78	64.29	31.91	0.02
北欧	145.56	36.46	63.53	0.01	0.00
东欧	203.77	3.41	92.12	4.47	0.00
中欧	183.17	3.80	92.76	3.44	0.00

2.3.3　草地生态系统

1. 草地以温带草原及寒带苔原为主、人均草地资源丰富

欧洲区草地覆盖面积为 54.6km²，占欧洲面积的 9.4%；人均草地面积达 0.09hm²/人，高于世界平均水平，但只有北欧人均草地面积高达 1.25hm²/人，其他地区的人均草地面积均未达到世界平均水平，尤其是南欧人均草地面积仅 0.02hm²/人。欧洲草地的类型主要为温带草原及寒带苔原两类。

2. 草地整体覆盖度不高，空间分布差异明显

利用遥感植被盖度产品分析 2014 年欧洲区草地类型年最大植被覆盖度空间分布特征，可见欧洲区草地空间分布差异明显，北欧的挪威、芬兰北部及冰岛寒带苔原覆盖度较高，其他地区除了英国北部、阿尔卑斯山脉之外，草地稀疏分布，覆盖度极低（图 2-22）。

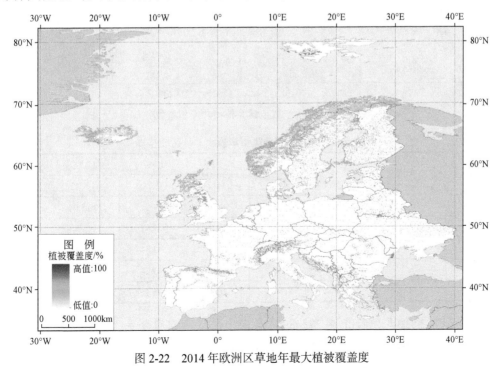

图 2-22　2014 年欧洲区草地年最大植被覆盖度

3. 草地年最大 LAI 空间分布差异明显，挪威年最大 LAI 值较低

利用 LAI 分析 2014 年欧洲草地类型年最大 LAI 特征。可见欧洲整体草地年最大 LAI 值较低，且具有明显的空间分布差异，空间分布特征与草地最大植被覆盖分布特征基本一致（图 2-23）。统计欧洲各区草地类型年最大 LAI 分析其空间特征（表 2-7）。欧洲各区草地年最大 LAI 均不大于 6，且主要集中在 2～4；但各区之间草地年最大 LAI 均值仍有一定的空间分布差异，如西欧草地年最大 LAI 有 69.97% 集中在 2～4，而北欧草地年最大 LAI 仅 35.45% 的集中在 2～4，有 31.44% 集中在 1 以下。

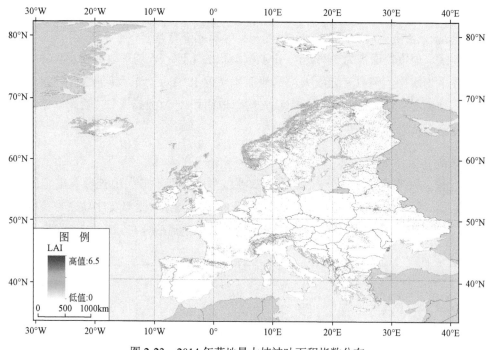

图 2-23　2014 年草地最大植被叶面积指数分布

表 2-7　欧洲区草地类型年最大 LAI 区域差异

地区	年最大 LAI 均值	比例 /%				
		＜1	[1, 2)	[2, 4)	[4, 6)	≥6
东欧	2.95	6.10	9.16	54.51	30.23	0.00
西欧	3.1	4.68	11.56	69.97	13.79	0.00
南欧	3.05	14.89	28.18	43.64	13.29	0.00
中欧	2.8	15.82	23.00	43.54	17.64	0.00
北欧	3.06	31.44	26.59	35.45	6.52	0.00

4. 整体草地年累积 NPP 不高，但仍呈现出一定的空间分异

北欧草地总体的年累积 NPP 较低；由其空间分布来看，挪威、冰岛的草地年均 NPP

值在 1000gC/m² 以下，而东欧、中欧、南欧、西欧相对较高，其中英国和亚得里亚海沿岸的波黑、黑山、阿尔巴尼亚、希腊等地区值可达 3000gC/m²（图 2-24）。

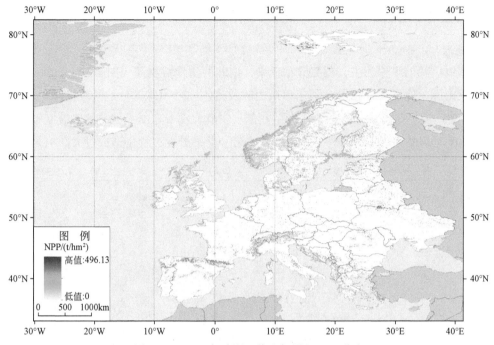

图 2-24　2014 年欧洲区草地年累积 NPP 分布

统计欧洲各分区类型年累积 NPP 结果（表 2-8），欧洲草地年累积 NPP 值为 133.37 ～ 190.47gC/m²，除北欧、中欧外，其他地区草地年累计 NPP 值均高于欧洲平均值 159.12gC/m²。西欧、北欧的草地年累积 NPP 值主要集中在小于 100gC/m² 的级别，所占比例分别达 53.98% 和 85.51%；其他地区的草地年累积 NPP 则主要集中在 100 ～ 300gC/m²，其中东欧在 100 ～ 300gC/m² 所占的比例高达 81.41%。

表 2-8　2014 年欧洲区草地年累计 NPP 的地区分布

地区	年累积 NPP 均值 /（gC/m²）	不同年累积 NPP 级别所占比例 /%			
		< 100	100 ～ 300	300 ～ 500	> 500
西欧	161.44	53.98	41.50	4.42	0.10
南欧	190.47	25.23	65.47	8.72	0.58
北欧	133.37	85.51	14.49	0.00	0.00
东欧	172.63	17.76	81.41	0.83	0.00
中欧	137.73	45.53	53.95	0.52	0.00

2.4   "一带一路"开发活动的主要生态环境约束

2.4.1   自然环境限制

1. 地形

欧洲以广阔的平原为主，地势非常低平，南北两边地势稍高（图2-25），但只有斯堪的纳维亚山脉、比利牛斯山脉、阿尔卑斯山脉及喀尔巴阡山脉部分地区坡度高于10°，可能对"一带一路"的开发形成限制；芬兰南部、中欧北部及东欧大部分地区坡度不足1°。因此，欧洲平坦的地形地势条件基本不会在一带一路的开发过程中造成过大影响。

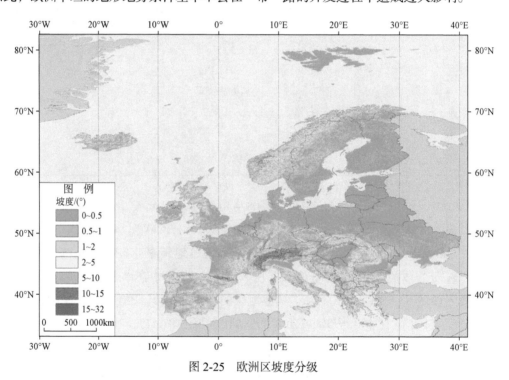

图2-25   欧洲区坡度分级

2. 气候

虽然欧洲的热量充足、天然降水适中，气候类型均较为温和，不存在极端的气候；但其除北欧之外的绝大部分地区的水分盈余量低于全球陆地平均水分盈余量（375 mm），水资源并不充足，尤其是东欧地区水分亏缺较为严重；受到干湿季的影响，6～8月欧洲水分亏缺尤为严重。因而水分亏缺是欧洲推动"一带一路"开发建设中的不利条件。

3. 水体

欧洲的河网稠密、湖泊众多，水量丰沛，水面总面积为13.56万 km²，人均水面面积为 0.02hm²/人，低于世界平均水平（0.09hm²/人）。欧洲水体的空间分布极不均匀（图 2-26），北欧地区湖泊众多，人均水面面积高达 0.33hm²/人，远高于欧洲其他地区；东欧地区人均水面面积为 0.03hm²/人，略高于欧洲平均水平；而西欧、南欧、中欧人均水面面积甚至均不足 0.01hm²/人。

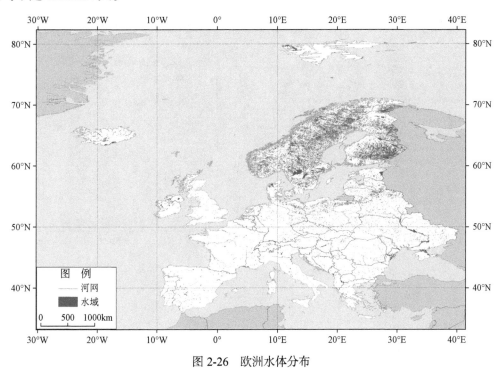

图 2-26　欧洲水体分布

2.4.2　自然保护对开发的限制——生态系统功能

欧洲生态环境良好，政府和公民环保意识较强，自然保护区分布较广，面积达851431km²，开发相对有序。在"一带一路"开发建设中如何兼顾对生态环境和自然保护区的保护是一个重要问题。

根据世界自然保护联盟（IUCN）1994 年出版的《保护区管理类型指南》中的六类自然保护区（其中类型 1 包括荒野地保护区与严格自然保护区两种），对欧洲的自然保护区的空间分布特征进行分析（图 2-27）。类型最多的保护区为陆地和海洋景观保护区及生境和物种管理保护区两类（图 2-28），分别占欧洲保护区总面积的 50.32% 和19.49%；而自然纪念物保护区数量最少，仅占欧洲保护区总面积的 0.7%。

从自然保护区的空间分布来看（图 2-29～图 2-33），欧洲东部自然保护区面积较小，北欧北部自然保护区分布广泛，西欧、中欧、南欧的大部分地区都有自然保护区分布，其中挪威、冰岛、英国、法国及德国拥有大块连片的自然保护区分布。东欧自然保护区

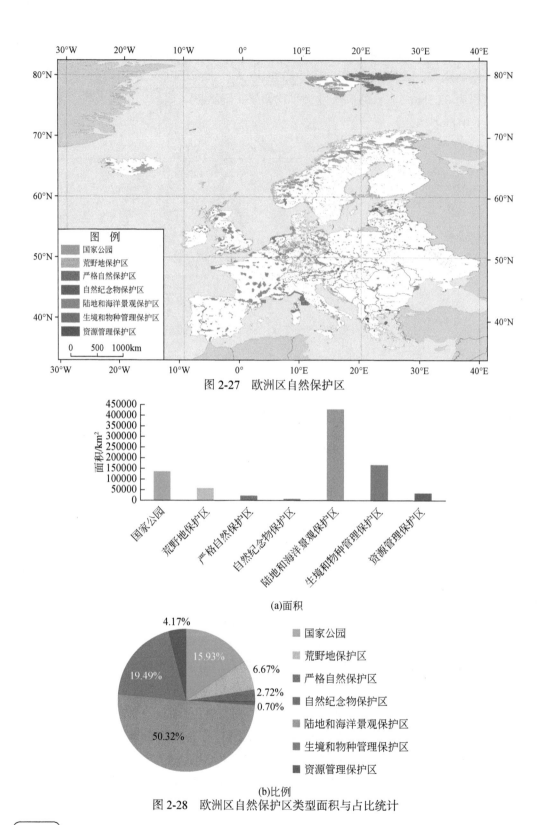

图 2-27　欧洲区自然保护区

(a)面积

(b)比例

图 2-28　欧洲区自然保护区类型面积与占比统计

面积为 80432km²，主要保护区类型为陆地和海洋景观保护区及生境和物种管理保护区，此外国家公园和资源管理保护区占比也较高；中欧自然保护区面积为 440934km²，面积广阔但种类相对单一，主要为陆地和海洋景观保护区，此外还有一定数量的生境和物种管理保护区与国家公园；西欧自然保护区面积为 216056km²，主要类型与中欧相似，以陆地和海洋景观保护区为主，此外还有一定数量的生境和物种管理保护区与国家公园；北欧自然保护区面积为 166154km²，主要保护区类型为国家公园和荒野地保护区，此外还有一定数量的陆地和海洋景观保护区、生境和物种管理保护区及严格自然保护区；南欧自然保护区面积为 215744km²，主要保护区类型为陆地和海洋景观保护区、生境和物种管理保护区、国家公园和资源管理保护区。

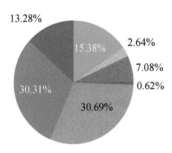

图 2-29　东欧自然保护区类型占比

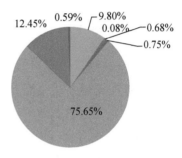

图 2-30　中欧自然保护区类型占比

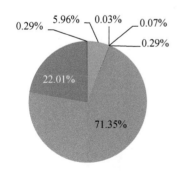

图 2-31　西欧自然保护区类型占比

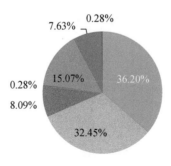

图 2-32　北欧自然保护区类型占比

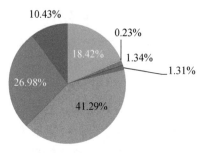

图 2-33　南欧自然保护区类型占比

2.5　小　　结

"一带一路"开发所带来的人类活动干扰和基础设施建设将对生态环境造成一定影响，而生态环境条件也是影响沿线开发和基础设施建设的重要因素。欧洲区自然环境条件优越，基本不会成为"一带一路"沿线开发的自然障区；但欧洲区各种类型的自然保护区众多、分布广泛，开发时需注意保护。

第3章 欧洲重要节点城市分析

"一带一路"欧洲沿线主要经过中东欧、西欧的国家，重要节点城市属性上包括欧洲经济中心城市、交通运输枢纽城市、新近建设的人民币离案交易中心城市，包括英国伦敦，法国巴黎，德国柏林、法兰克福、汉堡，荷兰鹿特丹，比利时安特卫普，卢森堡，希腊的雅典，波兰华沙和白俄罗斯布列斯特等（图3-1）。

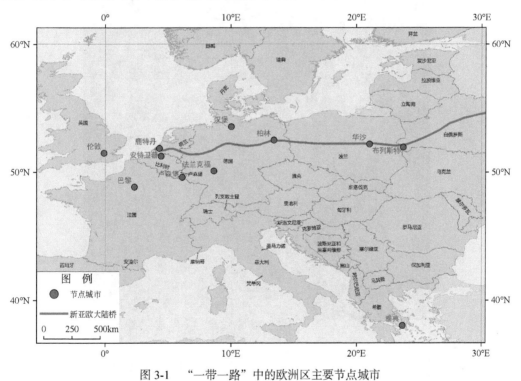

图 3-1 "一带一路"中的欧洲区主要节点城市

3.1 伦　　敦

3.1.1 概况

伦敦是英国首都，地处英国东南部的平原，位于泰晤士河畔（图3-2）。伦敦是英国的政治、经济、文化、金融中心，也是世界重要的金融中心之一、全球最大的外汇市场；随着"一带一路"的建设推进，很有可能在未来的离岸人民币市场外汇产品发展中起到全球主导作用，但目前与中国经贸额较少，贸易优势和离岸人民币资金量不足。伦敦拥有全球最繁忙的城市机场系统，对外航空运输发达；其对外交通路网呈放射状发散；泰晤士河自西向东贯穿全城，具有较好的通航条件；东部隔海与法国相望，西北直通伯明翰。

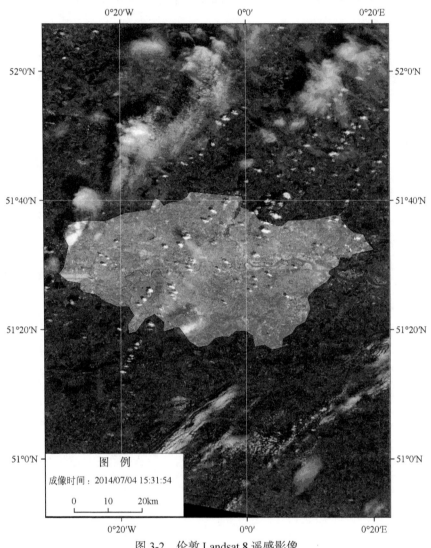

图 3-2 伦敦 Landsat 8 遥感影像

3.1.2 典型生态环境特征

伦敦属温带海洋性气候，冬暖夏凉、年温差较小，气候湿润、多雨雾，有"雾都"之称。

1. 城市建成区不透水层占地比 52.14%，绿地占地率 29.63%

以 2014 年土地覆盖数据（30m 空间分辨率）为基础，生成城市建成区不透水层图，可见伦敦城市发展紧凑，泰晤士河由城市中央穿城而过，建成区沿河两侧扩展（图 3-3）。

伦敦建成区裸地占建成区总面积的 16.15%，主要分布在建成区西北角及南部；不透水层面积为 838.1km²，占建成区总面积的 52.14%，建成区不透水层密集，但主城区分布在建成区的中心位置。绿地面积为 476.23km²，占建成区总面积的 29.63%，环城绿带呈楔入式分布（张庆费等，2003），公园等大型绿地则主要分布在城市外层，尤其是建成区东南部，建有居住绿地及绿廊；此外，伦敦建成区内还有大量的居住绿地及绿廊穿插其中，城市实际绿地率远高于 29.63%。水体占建成区面积的 2.08%，主要水体为穿城而过的泰晤士河。

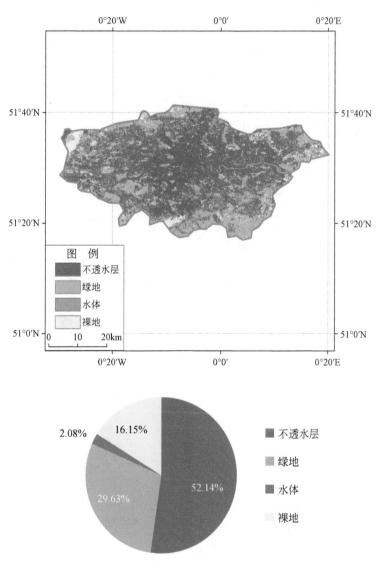

图 3-3 伦敦建成区地表土地覆盖类型分布及占地比例分布

2. 城市 10km 缓冲区伦敦城市周边以农田为主，人造地表分布较广

以 2010 年 30m 地表覆盖数据为基础，伦敦建成区周边 10km 缓冲区为界限，分析其周边生态环境状况（图 3-4）。伦敦城市周边主要以农田为主，农田占地面积为 1210.74km²，占地比例为 57.34%，分布广泛。人造地表面积也较多，达 542.60km²，占地比例为 25.69%，主要成片分布在泰晤士河两侧，缓冲区内其他地方有人造地表零散分布。另外，城市西侧与南侧森林密布，缓冲区内的森林面积为 271.70km²，占地比例为 12.87%。

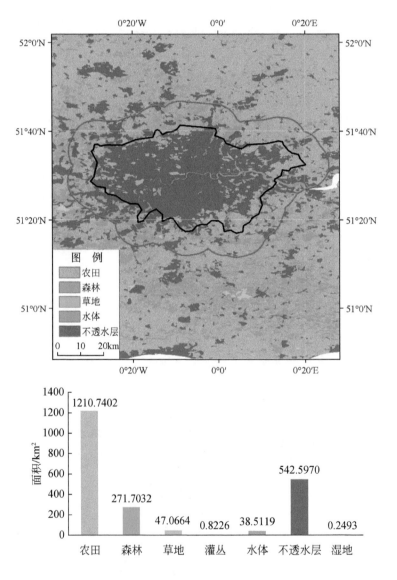

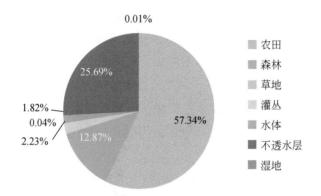

图 3-4　伦敦周边 10km 缓冲区土地覆盖类型及其占地比例

3.1.3　城市空间分布现状、扩展趋势与潜力评估

伦敦城市建成区灯光指数相对饱和，有由中心向东西两侧蔓延扩张的趋势，具备向周边发展的潜力。

伦敦建成区 2013 年灯光亮度极强，建成区内基本以高亮灯光为主，周边 10km 缓冲区内灯光亮度也较强（图 3-5）。由 2000～2013 年伦敦夜间灯光指数变化速率图（图 3-6）

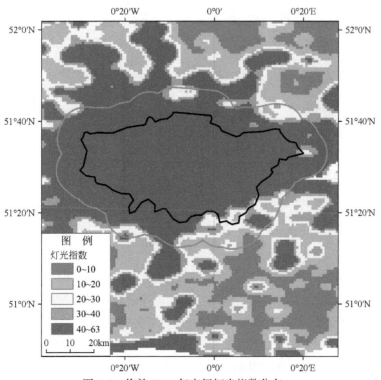

图 3-5　伦敦 2013 年夜间灯光指数分布

可见，2013年伦敦建成区内的灯光指数较2000年变化并不显著，灯光指数变化速率缓慢，速度基本为0～0.1；其中建成区中心灯光指数变化速率为负，显示出人口由核心区向外迁移的情况，建成区边缘大部分地区灯光指数变化速率则为正。而周边缓冲区内灯光指数变化速率相对较快，速率基本为0.1～1，且大多数地区灯光变亮。从空间上来看，建成区南部灯光变暗的地区面积较大、速率较快，而建成区东西两侧灯光变亮速度较快，可见城市有由中心向东西两边蔓延扩张的趋势，具备向周边发展的潜力（图3-6）。

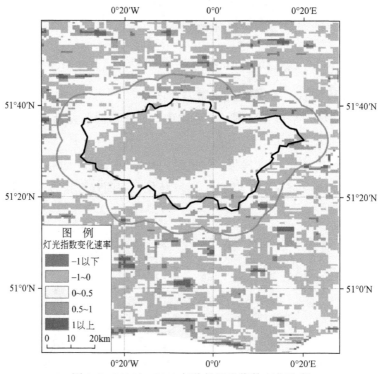

图 3-6　2000～2013年伦敦灯光指数变化速率

3.2　巴　黎

3.2.1　概况

巴黎是法国首都，地处西欧平原的巴黎盆地中央，是法国经济、文化、政治、交通高度集中的中心（图3-7）。巴黎是法国主要的高速公路、铁路与航空运输中心，也是法国第四大港口，可谓是法国重要的交通枢纽。由于法国与非洲之间的关系密切而特殊，随着"一带一路"的推进，巴黎可以作为中国与非洲合作的一个桥梁。巴黎对外交通路网密集，呈放射状；西北与鲁昂相通，北部直达亚眠，东北通往兰斯，南部通往奥尔良。

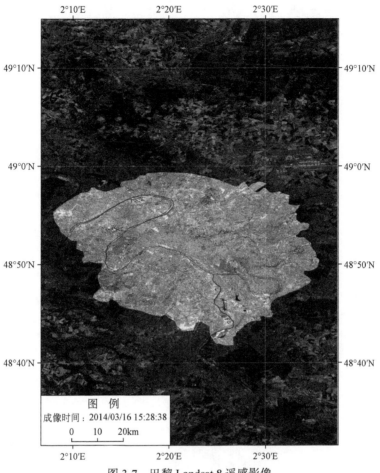

图 3-7　巴黎 Landsat 8 遥感影像

3.2.2　典型生态环境特征

巴黎属温带海洋性气候，冬暖夏凉、温度适宜，全年降水均衡。

1. 巴黎城市建成区不透水层占地比达 57.30%，绿地率为 38.95%

以 2014 年土地覆盖数据（30m 空间分辨率）为基础，生成城市建成区的不透水层图，可见塞纳河蜿蜒穿过巴黎市建成区，城市建设非常紧凑（图 3-8）。巴黎建成区裸地面积较少，为 19.14km²，仅占建成区总面积的 2.68%；建成区不透水层非常密集，面积为 409.72km²，占建成区总面积的 57.30%，基本遍布整个建成区，但主要连片集中在城市核心区；绿地面积为 278.47km²，占建成区总面积的 38.95%，主要分布在建成区外围，以公园等大片绿地为主。

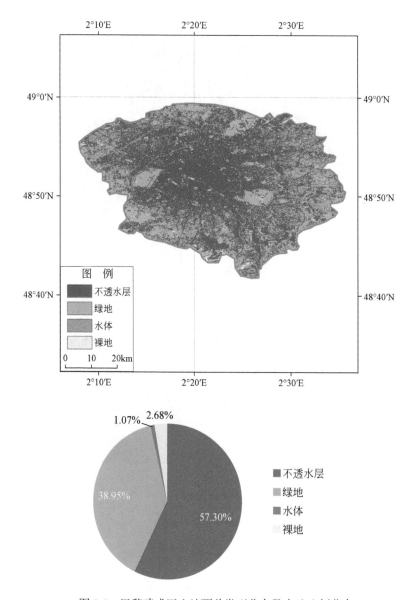

图 3-8　巴黎建成区土地覆盖类型分布及占地比例分布

2. 巴黎城市周边以人造地表为主

以 2010 年 30m 地表覆盖数据（陈军，2010）为基础，巴黎建成区周边 10km 缓冲区为界限，分析其周边生态环境状况（图 3-9）。巴黎城市周边以不透水层为主要土地覆盖类型，其面积达 576.37km²，占地面积为 51.21%，不透水层连片分布，非常紧凑。缓冲区内除不透水层外，农田、森林占地比例较高，分别达 24.05% 和 22.23%；其中农田面积为 270.71km²，主要连片分布于建成区的北侧；森林面积达 250.22km²，主要

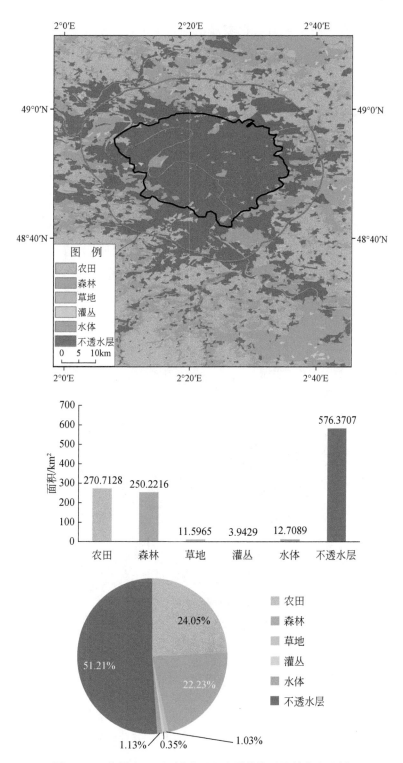

图 3-9 巴黎周边 10km 缓冲区土地覆盖类型及其占地比例

分布于建成区的东西两侧。此外，巴黎城市周边草地、灌丛都极少，零星分布于缓冲区边缘。

3.2.3 城市空间分布现状、扩展趋势与潜力评估

巴黎城市建成区及周边灯光指数相对饱和，有向北部蔓延扩张的趋势，但发展空间与潜力相对较小。

巴黎建成区 2013 年灯光亮度极强，建成区内、缓冲区内甚至外围地区基本都以高亮灯光为主（图 3-10）。由 2000 ～ 2013 年巴黎夜间灯光指数变化速率图（图 3-11）可见，巴黎建成区内 2013 年的灯光指数较 2000 年变化并不显著，灯光变化速率为 0 ～ 0.1，且建成区内大部分地区灯光指数变化速率为负，仅东西边缘存在灯光指数变化速率为正的地区。周边缓冲区内南部灯光指数变化速率基本为负，其他地方灯光指数变化速率基本为正；除缓冲区北部的部分地区灯光指数变亮速率较快，缓冲区内其他地区灯光变化速率均非常缓慢。可见城市有由建成区向北部蔓延扩张的趋势，但由于巴黎建成区周边社会经济发展水平已较高，因而其建成区进一步发展的空间与潜力相对较小（图 3-11）。

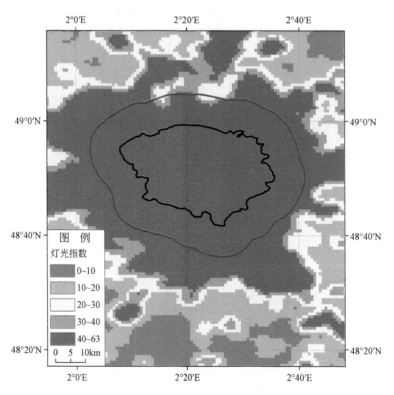

图 3-10 巴黎 2013 年夜间灯光指数分布

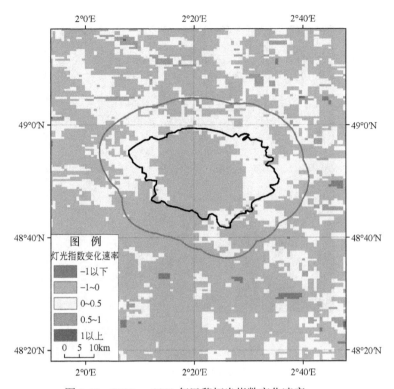

图 3-11　2000 ~ 2013 年巴黎灯光指数变化速率

3.3　柏　林

3.3.1　概况

柏林是德国的首都，也是德国的政治、经济与交通中心，地处中欧平原，位于易北河支流施普雷河注入哈弗尔河的河口处，扼守东西欧交通要道，是亚欧大陆桥沿线重要的经济中心及航空、铁路交通枢纽。西北与汉堡相通，西部与汉诺威相连，南接莱比锡，东接波兰波兹南（图 3-12）。

3.3.2　典型生态环境特征

柏林属温带海洋性气候与温带大陆性气候之间的过渡气候，冬季较冷夏季凉爽；气候湿润，全年降水分配均匀。

1. 柏林城市建成区不透水层占地比为 37.14%，绿地占地比为 58.46%

以 2014 年土地覆盖数据（30m 空间分辨率）为基础，生成城市建成区的不透水层图，可见柏林城市建成区发展紧凑，绿地覆盖率较高（图 3-13）。柏林建成区的裸地面积极少，仅 6.03 km²，占建成区总面积的 0.68%。建成区内不透水层面积为 328.36km²，占建成区

图 3-12　柏林 Landsat 8 遥感影像

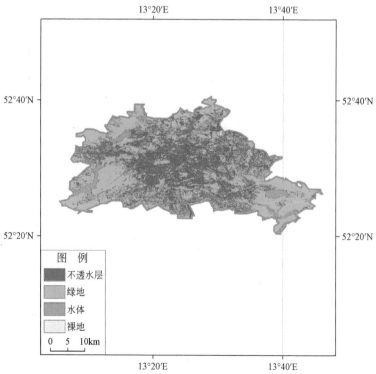

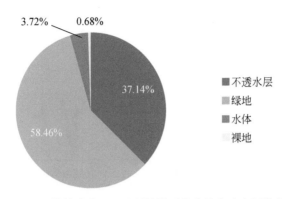

图 3-13　柏林建成区土地覆盖类型分布及占地比例分布

总面积的 37.14%，建成区不透水层较为密集，主要分布在城市的中心位置；绿地面积广阔，达 516.84km²，占建成区总面积的 58.46%，主要成片分布在建成区的东西外围边缘。

2. 柏林城市周边以农田为主，森林资源丰富

以 2010 年 30m 地表覆盖数据（陈军，2010）为基础，柏林建成区周边 10km 缓冲区为界限，分析其周边生态环境状况（图 3-14）。柏林城市周边主要以农田、森林、人造地表为主，其中农田占地面积为 719.19km²，占地比例为 39.32%，连片分布于缓冲区内；

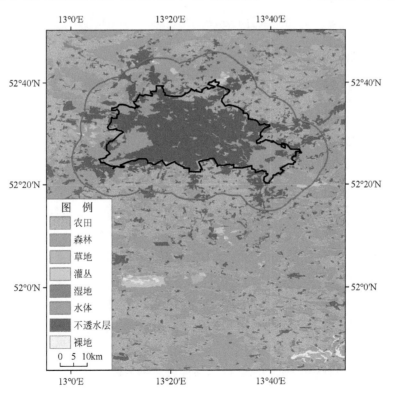

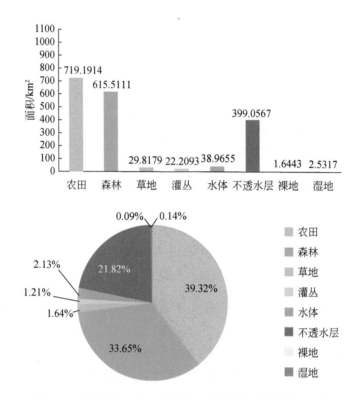

图 3-14　柏林周边 10km 缓冲区土地覆盖类型及其占地比例

森林占地面积为 615.51km², 占地比例为 33.65%, 主要为三片, 分别分布于城市的北侧、西南侧及东南侧; 不透水层占地面积为 399.06km², 占地比例为 21.82%, 零散分布于缓冲区内。缓冲区内水体面积较少, 主要为哈弗尔河支流。

3.3.3　城市空间分布现状、扩展趋势与潜力评估

柏林城市建成区灯光指数相对饱和, 有由核心区向北部蔓延扩张的趋势, 周边发展空间与潜力较大。

柏林建成区 2013 年灯光亮度较强, 建成区内大部分地区为高亮灯光, 灯光亮度低于30 的低值区较少; 高亮灯光由建成区呈放射状向外蔓延, 但缓冲区内仍有部分地区灯光亮度不强 (图 3-15)。由 2000 ～ 2013 年柏林夜间灯光指数变化速率图 (图 3-16) 可见, 建成区中心的核心区灯光指数变化速率为负, 但变化速率缓慢, 基本为 0 ～ 0.1; 建成区内其他地区灯光指数变化速率基本为正, 且由核心区向外灯光指数变化速率逐渐加快。建成区周边的 10km 缓冲区内灯光指数变化速率相对较快, 基本为 0.1 ～ 1; 其中南部基本为负, 北部部分地区灯光指数变化速率为正, 可见城市有由建成区核心向周边、尤其是向北部蔓延扩张的趋势, 社会经济进一步发展的潜力较大 (图 3-16)。

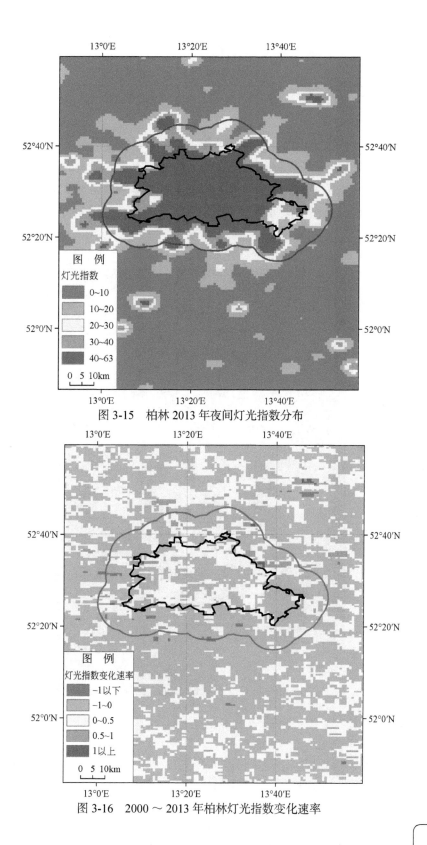

图 3-15　柏林 2013 年夜间灯光指数分布

图 3-16　2000 ～ 2013 年柏林灯光指数变化速率

3.4 法兰克福

3.4.1 概况

法兰克福位于德国莱茵河支流美因河畔，地处中欧块状山地区；交通便利，其名称源于拉丁文，本义为"法兰克人的渡口"；法兰克福拥有德国最大的航空枢纽、铁路枢纽，同时也是欧洲航空交通中心。法兰克福是欧元区的金融中心和欧洲银行所在地，拥有欧洲最多的中资机构驻地，"一带一路"的推动将进一步促进这个城市与中国之间的资金往来（图 3-17）。

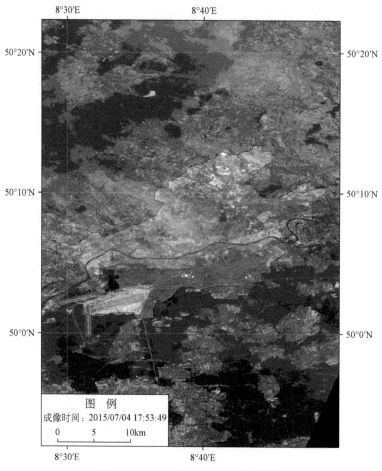

图 3-17　法兰克福 Landsat 8 遥感影像

3.4.2 典型生态环境特征

法兰克福属温带海洋性气候，气候温和，冬冷夏热、年温差较大，春秋季较潮湿。

1. 法兰克福城市建成区不透水层占地比为 44.51%，绿地率为 45.10%

以 2014 年土地覆盖数据（30m 空间分辨率）为基础，生成法兰克福城市建成区的不透水层图（图 3-18）。美因河将城市建成区分为南北两部分，北部建成区不透水层密集，南部有大片森林分布，生态环境良好。法兰克福建成区裸地面积为 22.68km²，占建成区总面积的 9.13%；不透水层面积为 167.06km²，占建成区总面积的 44.50%，主要集中在建成区的南部；绿地面积为 112.03km²，占建成区总面积的 45.10%，主要连片分布在建成区北部，建成区东西两侧外围也有部分绿地分布。法兰克福的城市绿地以农田、森林为主，草地较为稀疏，人工绿化水平相对较低。

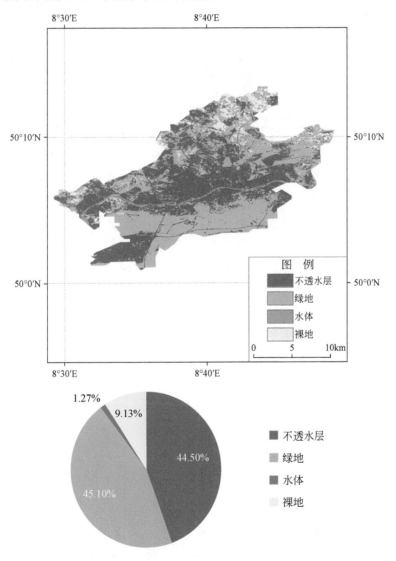

图 3-18　法兰克福建成区土地覆盖类型分布及占地比例分布

2. 法兰克福城市周边以农田为主，森林资源丰富，不透水层分布广泛

以 2010 年 30m 地表覆盖数据（陈军，2010）为基础，法兰克福建成区周边 10km 缓冲区为界限，分析其周边生态环境状况（图 3-19）。法兰克福城市周边主要以农田、森林及不透水层为主，其中农田占地面积为 470.88km²，占地比例为 43.30%，主要分布在城市的西北侧；森林占地面积为 347.27km²，占地比例为 31.94%，主要连片分布于城市的南侧及西北方；不透水层占地面积为 252.30km²，占地比例为 23.20%，不透水层连片分布，较为紧凑，主要集中分布于城市的西侧。

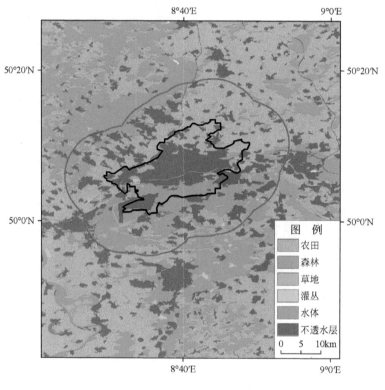

图 例
农田
森林
草地
灌丛
水体
不透水层

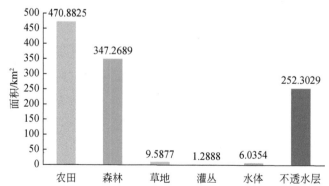

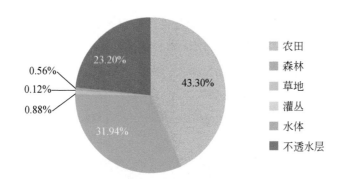

图 3-19　法兰克福周边 10km 缓冲区土地覆盖类型及其占地比例

3.4.3　城市空间分布现状、扩展趋势与潜力评估

法兰克福城市建成区灯光指数相对饱和，有沿东西方向向外蔓延扩张的趋势，周边发展空间与潜力不大。

法兰克福建成区 2013 年灯光亮度极强，建成区基本由高亮灯光覆盖，缓冲区内大部分地区灯光亮度也较强（图 3-20）。由 2000 ～ 2013 年法兰克福夜间灯光指数变化

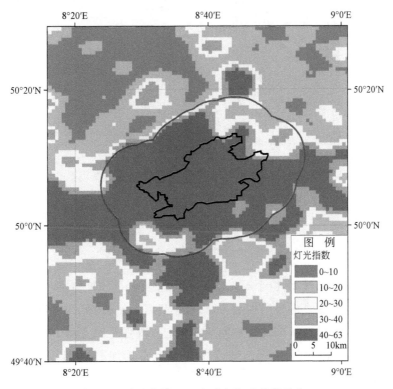

图 3-20　法兰克福 2013 年夜间灯光指数分布

速率图（图 3-21）可见，建成区北部大部分地区灯光指数变化速率为负，且靠近边缘的地区灯光亮度变暗速度较快；建成区南部大部分地区灯光指数变化速率则为正，但速率缓慢，基本为 0～0.1。建成区周边 10km 的缓冲区内，仅建成区东西两侧呈带状的地区灯光指数变化速率为正，但速度较缓慢，可见城市有主要向东西蔓延扩张的趋势，由于建成区东西外围灯光亮度本身便已较强，因而社会经济进一步发展的潜力不大（图 3-21）。

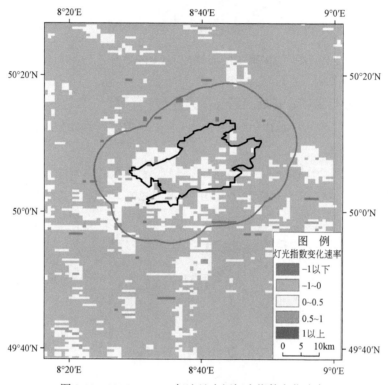

图 3-21　2000～2013 年法兰克福灯光指数变化速率

3.5　汉　　堡

3.5.1　概况

汉堡是德国第二大城市，位于不来梅东北部易北河、阿尔斯特河与比勒河的入海口处，是德国最大的港口和最大的外贸中心，可以说是德国通向世界的重要门户；此外汉堡还是德国北部文化大都市、新闻传媒和制造业中心。汉堡距离北海 110 多千米，这天然的港口延伸到整个宽阔的易北河，港口主要分布在南岸，对面是城区圣保利和阿通纳（图 3-22）。

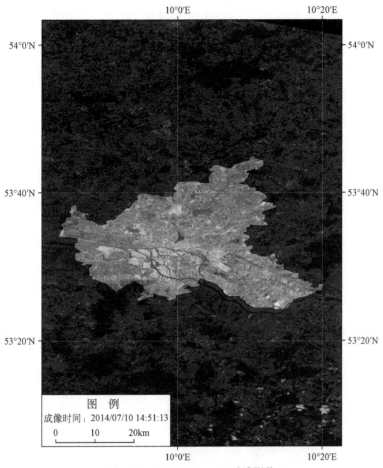

图 3-22　汉堡 Landsat 8 遥感影像

3.5.2　典型生态环境特征

汉堡地处德国北部高地，属温带海洋性气候，气温年变化较小，年降水量分配均匀。

1. 汉堡城市建成区不透水层占地比为 23.25%，绿地占地比为 67.65%

以 2014 年土地覆盖数据（30m 空间分辨率）为基础，生成城市建成区的不透水层图（图 3-23）。汉堡建成区裸地面积极少，仅 25.65km²，占建成区总面积的 4.09%；不透水层面积为 145.70km²，占建成区总面积的 23.25%，与西欧其他重要节点城市建成区相比，不透水层占比较低，其分布主要集中在建成区的中心位置；绿地面积广阔，达 423.92km²，占建成区总面积的 67.65%，绿地率非常高，且以农田为主，主要分布在城市外围；建成区内水体面积为 31.40km²，占建成区总面积的 5.01%，最主要的河流为易北河的上游拉贝河。

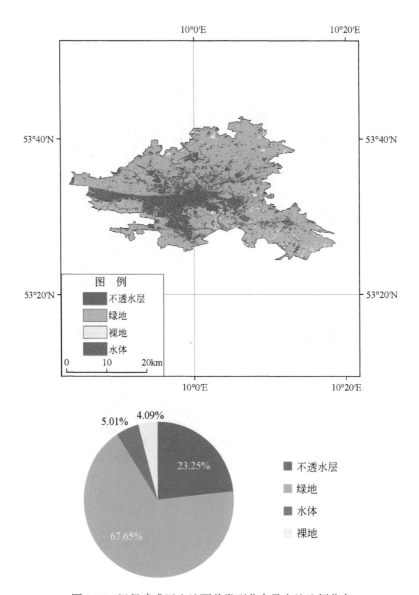

图 3-23　汉堡建成区土地覆盖类型分布及占地比例分布

2. 汉堡城市周边以农田为主

以 2010 年 30m 地表覆盖数据（陈军，2010）为基础，汉堡建成区周边 10km 缓冲区为界限，分析其周边生态环境状况（图 3-24）。缓冲区内以农田为主要的土地覆盖类型，其占地面积为 1157.54km²，占地比例高达 70.15%。缓冲区内不透水层占地面积为 223.94km²，占地比例为 13.57%，围绕建成区向外呈放射状分布。此外，城市南侧及东侧有连片森林分布,缓冲区内的森林面积为 $219.04km^2$,占地比例为 13.27%。缓冲区内的水体面积较少,占地比例仅为 1.21%,主要为易北河的上游拉贝河。

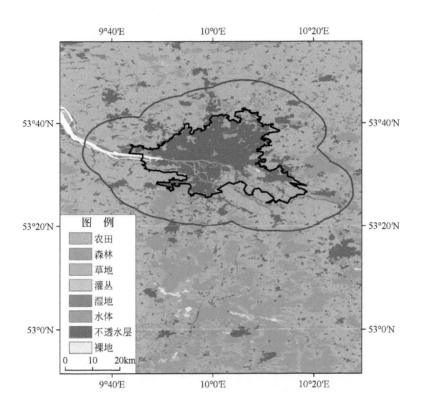

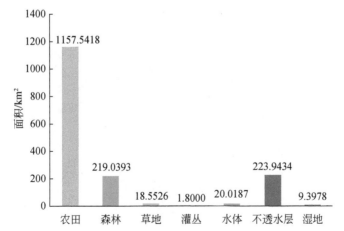

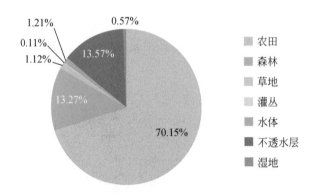

图 3-24　汉堡周边 10km 缓冲区土地覆盖类型及其占地比例

3.5.3　城市空间分布现状、扩展趋势与潜力评估

汉堡城市建成区灯光指数相对饱和，有沿向东蔓延扩张的趋势，周边发展空间与潜力较大。

汉堡建成区内基本为高亮灯光覆盖，缓冲区内灯光亮度也较强，但缓冲区边缘及周边灯光相对较暗（图 3-25）。由 2000 ～ 2013 年汉堡夜间灯光指数变化速率图（图 3-16）

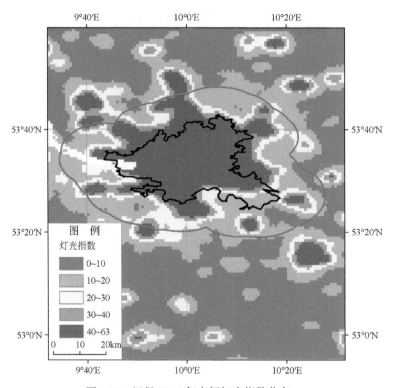

图 3-25　汉堡 2013 年夜间灯光指数分布

可见，建成区内灯光指数总体变化速率缓慢，且大部分地区灯光指数变化速率呈现负值，其中建成区内西部灯光亮度变暗速度相对较快；而建成区东侧中心灯光指数变化速率为正，且靠近边缘的地区灯光变亮速度更快。建成区周边10km缓冲区内灯光指数变化速率较快，基本为0.1～1，但大部分地区灯光指数变化速率为负。总体来说城市有向东蔓延扩张的趋势，建成区周边灯光亮度仍有待加强，社会经济进一步发展的潜力较大（图3-26）。

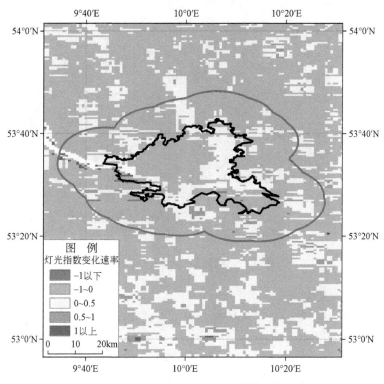

图3-26 2000～2013年汉堡灯光指数变化速率

3.6 鹿 特 丹

3.6.1 概况

鹿特丹是荷兰第二大城市，位于莱茵河和马斯河汇合入海处，有新水道与北海相连，外港深水码头可停泊巨型货轮和超级油轮，是欧洲最大的海港，20世纪80年代以前曾为世界第一大港，为欧洲重要的物资集散地，素有"欧洲门户"之称。鹿特丹承担着欧洲重要的海上运输功能，同时也是"一带一路"重要路线亚欧大陆桥的西部端点（图3-27）。

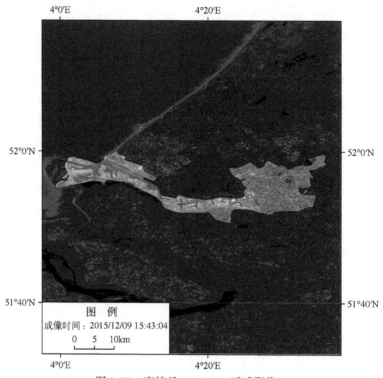

图 3-27 鹿特丹 Landsat 8 遥感影像

3.6.2 典型生态环境特征

鹿特丹地势平坦，位于荷兰低地区；属温带海洋性气候，冬季温和、夏季凉爽，气温年变化较小，年降水量分配均匀。

1. 鹿特丹城市建成区不透水层占地比为 43.43%，绿地占地比为 32.99%

以 2014 年土地覆盖数据（30m 空间分辨率）为基础，生成城市建成区的不透水层图。鹿特丹建成区面积较小，建成区内最主要的土地类型为不透水层及绿地（图 3-28）。鹿特丹建成区不透水层面积为 114.57km²，占建成区总面积的 43.43%，不透水层分布较为密集，沿河两岸拓展；绿地面积为 87.03km²，占建成区总面积的 33.00%，主要分布于建成区边缘，尤其是建成区东部；此外建成区内水系发达，水体面积为 46.17km²，占建成区总面积的 17.50%，最主要的河流为新马斯河；裸地面积为 16.01km²，仅占建成区总面积的 6.07%，零星分布在河流两侧。

2. 鹿特丹城市周边以农田和不透水层为主

以 2010 年 30m 地表覆盖数据（陈军，2010）为基础，鹿特丹建成区周边 10km 缓冲区为界限，分析其周边生态环境状况（图 3-29）。由于鹿特丹是港口城市，缓冲区左侧基本为水域。缓冲区的陆地部分以农田和人造地表为主要的土地覆盖类型，其中农田占地面积为 509.18km²，占地比例达 51.61%，均匀的连片分布于城市建成区周边；不透水层占地面积为 353.08km²，占地比例为 35.79%，主要连片分布于城市建成区的北侧。

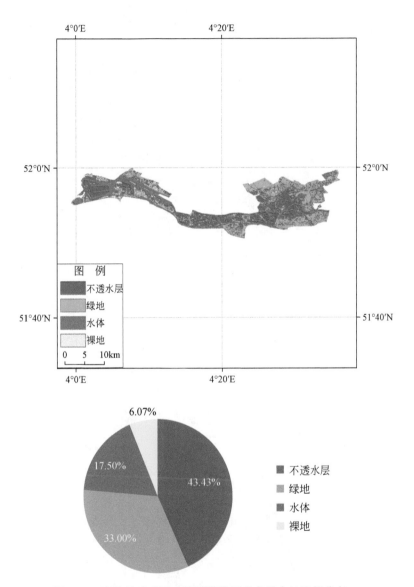

图 3-28　鹿特丹建成区土地覆盖类型分布及占地比例分布

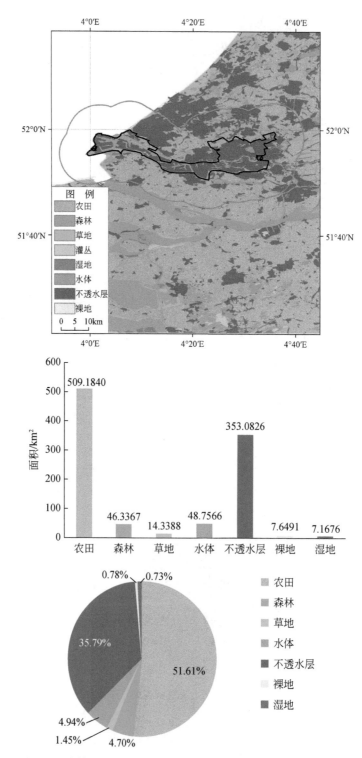

图 3-29 鹿特丹周边 10km 缓冲区土地覆盖类型及其占地比例

3.6.3　城市空间分布现状、扩展趋势与潜力评估

鹿特丹城市建成区及周边灯光指数相对饱和，城市蔓延扩张不明显，周边发展空间与潜力较小。

鹿特丹 2013 年灯光亮度极强，建成区内几乎全部被高亮灯光覆盖，周边缓冲区内大部分地区也被高亮灯光覆盖，仅缓冲区南部存在少量灯光低值区（图 3-30）。由 2000 ～ 2013 年鹿特丹夜间灯光指数变化速率图可见，近年来鹿特丹夜间灯光亮度变化不明显：建成区内灯光变化指数速率缓慢，基本为 0 ～ 0.1，且呈现负值；建成区周边缓冲区内大部分地区灯光指数变化速率为负，尤其是北部灯光变暗速度较快。而缓冲区东部部分地区灯光指数变化速率为正，可见城市有向东蔓延扩张的趋势，但不太明显，由于周边社会经济发展水平也较高，其社会经济进一步发展的潜力较小（图 3-31）。

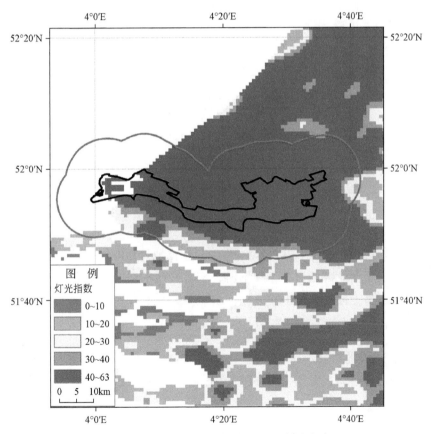

图 3-30　鹿特丹 2013 年夜间灯光指数分布

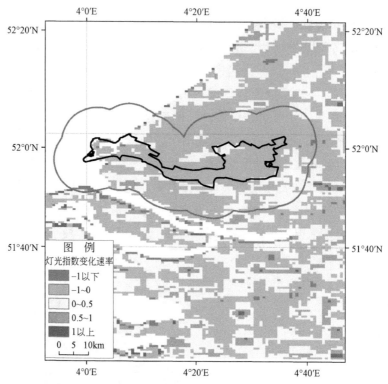

图 3-31　2000～2013 年鹿特丹灯光指数变化速率

3.7　安特卫普

3.7.1　概况

　　安特卫普是比利时第二大城市，面积 140km^2，地处斯海尔德河 - 摩泽尔河 - 莱茵河三角洲平原，位于西北部斯海尔德河下游，拥有发达的河网、是欧洲第二大港，是"一带一路"重要廊道亚欧大陆桥的重要出海口。同时拥有发达的陆路交通网，也是世界最大的钻石加工和贸易中心（图 3-32）。

3.7.2　典型生态环境特征

　　安特卫普地势平坦，属温带海洋性气候，冬季温和、夏季凉爽，气温年变化较小，年降水量分配均匀。

　　1. 安特卫普城市建成区不透水层占地比为 22.80%，绿地占地比为 46.57%

　　以 2014 年土地覆盖数据（30m 空间分辨率）为基础，生成城市建成区的不透水层图（图 3-33）。安特卫普建成区裸地面积较多，达 269.28km^2，占建成区总面积的 26.84%，零星分布在河流两侧；不透水层面积在西欧重要节点城市当中最低，为 228.82km²，占建成区总面积的 22.80%，主要集中在建成区的西南部；建成区内主要河流为斯海尔德河，水体面积为 38.06km²，占建成区总面积的 3.79%；绿地面积为 467.25km²，占建成区总面积的 46.57%，主要分布于主城区边缘的各大公园与居民区。

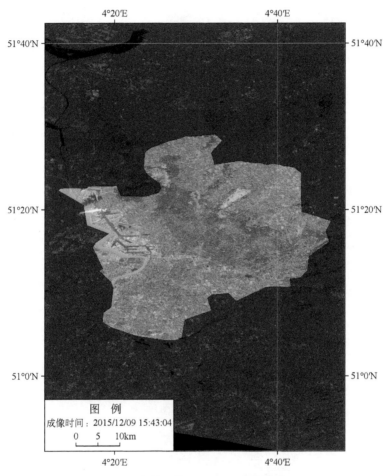

图 3-32　安特卫普 Landsat 8 遥感影像

2. 安特卫普城市周边以农田为主，不透水层零散分布

以 2010 年 30m 地表覆盖数据（陈军，2010）为基础，安特卫普建成区周边 10km 缓冲区为界限，分析其周边生态环境状况（图 3-34）。安特卫普城市周边主要以农田为主，占地面积为 1056.23km²，占地比例为 60.17%，分布于城市四周，其中斯海尔德河两侧农田分布最密集。缓冲区内不透水层面积为 352.23km²，占地比例为 20.06%，零散分布于城市周边，其中城市南侧不透水层分布最为紧凑。

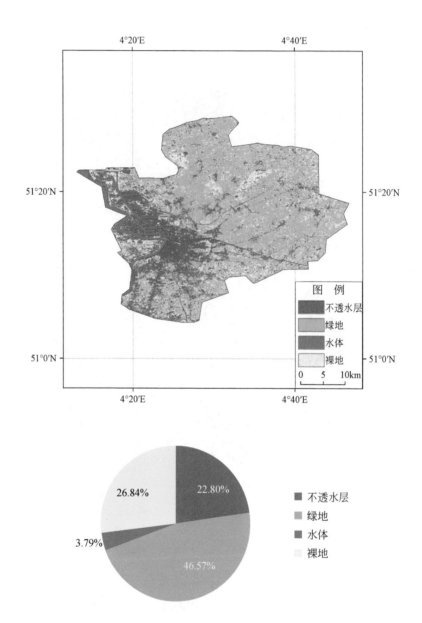

图 3-33　安特卫普建成区土地覆盖类型分布及占地比例分布

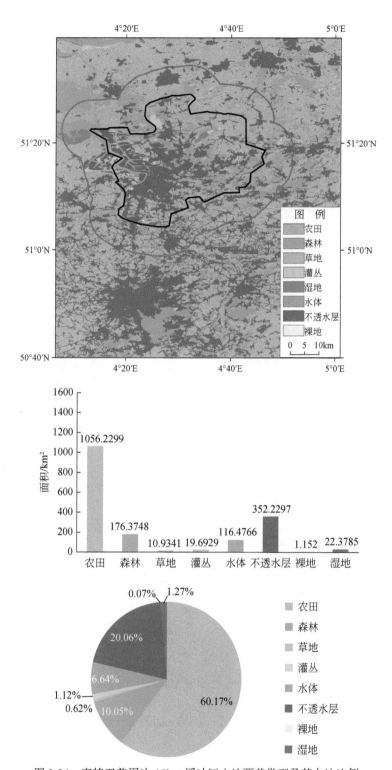

图 3-34　安特卫普周边 10km 缓冲区土地覆盖类型及其占地比例

3.7.3 城市空间分布现状、扩展趋势与潜力评估

安特卫普城市建成区南部灯光指数相对饱和，城市有向周边蔓延扩张的趋势，周边发展空间与潜力较大。

安特卫普2013年城市建成区内大部分地区灯光亮度极强，尤其是南部灯光指数相对饱和，仅建成区北部灯光亮度稍弱；周边10km缓冲区内南部也多为高亮灯光区，北部存在部分灯光亮度低值区（图3-35）。由2000～2013年安特卫普夜间灯光指数变化速率图可见，建成区中心的高亮灯光区仍然在持续变亮，且变化速度相对较快；北部灯光亮度较低的地区灯光指数变化速率却为负，且变化速度也较快；南部灯光高亮区灯光指数变化速率较缓慢，有正有负，但变化不明显。周边缓冲区内北部、西部大部分地区灯光指数变化速率呈负值，而南部、东部大部分地区灯光指数变化速率呈现正值，且速度相对较快。可见城市具有向外蔓延扩张的趋势，其社会经济具备进一步发展的较大潜力（图3-36）。

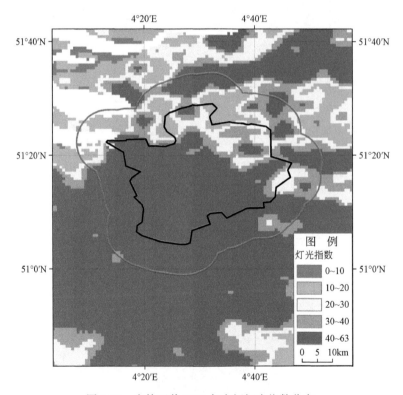

图3-35 安特卫普2013年夜间灯光指数分布

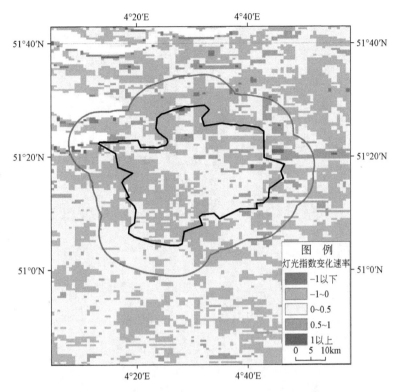

图 3-36　2000～2013 年安特卫普灯光指数变化速率

3.8　卢　森　堡

3.8.1　概况

　　卢森堡是一个面积仅有 2586.4km² 的内陆小国，位于欧洲西北部，被法国、德国、比利时包围、地理位置重要，有"北方直布罗陀"的称号。同时卢森堡也是世界收入水平最高的国家之一，是仅次于美国的全球第二大基金中心、欧洲最大的债券发行中心，有着欧洲最大的人民币贸易融资量，可以成为中国向欧洲投资的门户。卢森堡市是卢森堡的首都，位于其南部的古特兰平原。卢森堡地处德国与法国之间的要道，通往法国、德国、比利时的公路铁路网络发达（图 3-37）。

3.8.2　典型生态环境特征

　　卢森堡属温带海洋性气候，冬温夏凉，全年降水量分配均匀。

1. 卢森堡城市建成区不透水层占地比为 55.44%，绿地占地比为 39.38%

以 2014 年土地覆盖数据（30m 空间分辨率）为基础，生成城市建成区的不透水层图

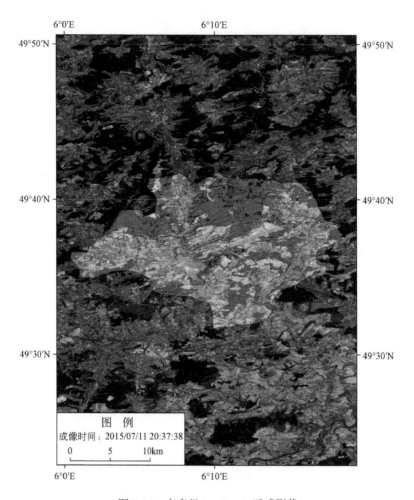

图 3-37 卢森堡 Landsat 8 遥感影像

（图 3-38）。卢森堡建成区面积极小，建成区内最主要的土地类型为不透水层与绿地。卢森堡建成区内的裸地极少，土地利用率高，裸地面积仅占建成区面积的 3.30%；不透水层面积为 130.04km²，占建成区总面积的 55.44%，其不透水层连片明显，主要集中在建成区南部；绿地面积广阔，达 92.38km²，占建成区总面积的 39.38%，大片分布于建成区北部。卢森堡的绿地以农田和森林为主。

2. 卢森堡城市周边以农田为主，森林资源丰富

以 2010 年 30m 地表覆盖数据（陈军，2010）为基础，卢森堡建成区周边 10km 缓冲区为界限，分析其周边生态环境状况（图 3-39）。缓冲区内以农田为主要土地覆盖类型，占地面积为 618.30km²，占地比例为 63.33%，分布在城市四周。城市周边森林资源丰富，缓冲区内的森林面积为 258.40km²，占地比例为 26.46%，零散分布，但城市北侧森林分

布较集中。缓冲区内的不透水层较少，占地面积为 89.49km²，占地比例仅为 9.17%，分布较为零散。

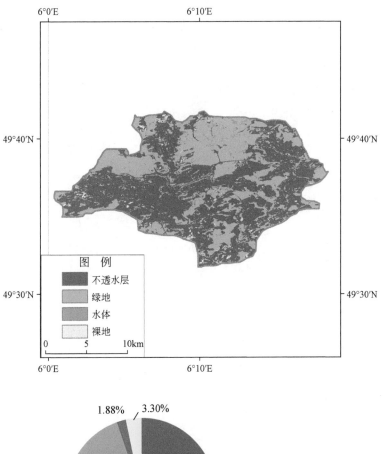

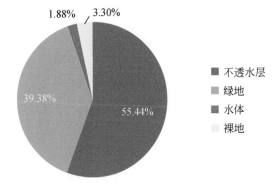

图 3-38　卢森堡建成区土地覆盖类型分布及占地比例分布

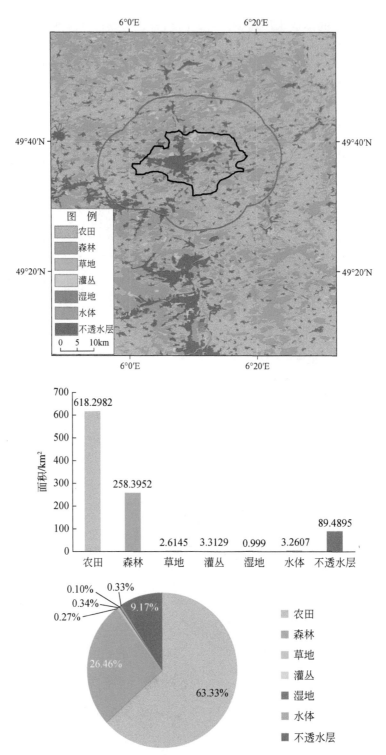

图 3-39　卢森堡周边 10km 缓冲区土地覆盖类型及其占地比例

3.8.3 城市空间分布现状、扩展趋势与潜力评估

卢森堡城市建成区大部分地区灯光指数较强，城市有向西蔓延扩张的趋势，但周边发展空间与潜力较大。

2013 年卢森堡建成区内基本被高亮灯光覆盖，但周边仍存在部分低值灯光区（图 3-40）。由 2000～2013 年卢森堡夜间灯光指数变化速率图可见，建成区内大部分地区灯光指数变化速率呈正值，且速度为 0.1～1；而建成区边缘灯光亮度相对较低的地区灯光指数变化速率却为负，且速度较快。建成区周边缓冲区内大部分地区灯光指数变化速率为负，且变化速率较快；但缓冲区西部灯光指数变化速率为正，灯光变亮速度也较快。可见城市有向西蔓延扩张的趋势，建成区及周边发展的空间及潜力较大（图 3-41）。

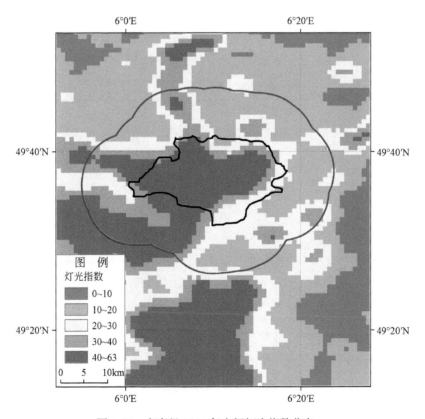

图 3-40 卢森堡 2013 年夜间灯光指数分布

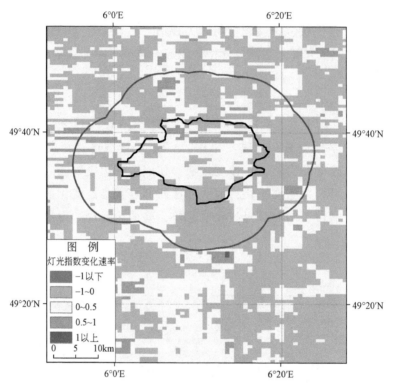

图 3-41　2000～2013 年卢森堡灯光指数变化速率

3.9　雅　　典

3.9.1　概况

　　雅典是希腊最大的城市，面积为 412km²；作为希腊的首都，雅典是希腊的经济、财政、工业、政治和文化中心，也是欧洲商业中心之一。雅典拥有完善的交通网络，是希腊的铁路和航空枢纽，其铁路可直达中欧和西欧；是"一带一路"道路上进入东南欧和东地中海地区的关键位置（图 3-42）。

3.9.2　典型生态环境特征

　　雅典位于巴尔干半岛南端，地处阿提卡的中心平原地带，依山傍海，生态环境良好。雅典属亚热带地中海气候，气候温和，冬季温暖潮湿，夏季炎热少雨。

　　1. 雅典城市建成区不透水层占地比为 19.06%，绿地占地比为 73.64%

　　以 2014 年土地覆盖数据（30m 空间分辨率）为基础，生成城市建成区的不透水层图（图 3-43）。雅典建成区内最主要的土地类型为绿地与不透水层。雅典建成区不透水层面积为 283.23km²，仅占建成区总面积的 19.06%，不透水层分布主要集中在建成区西部；

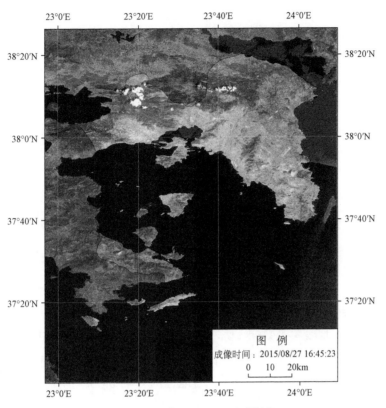

图 3-42　雅典 Landsat 8 遥感影像

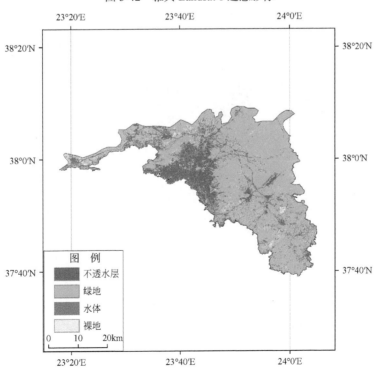

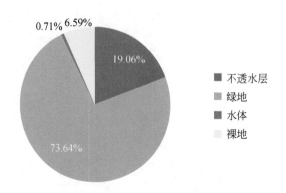

图 3-43　雅典建成区土地覆盖类型分布及占地比例分布图

建成区内裸地面积为 97.97km^2，占建成区总面积的 6.59%；雅典建成区绿地率极高，高达 73.64%，占地面积达 1094.55 km^2。

2. 雅典城市周边以绿地为主，包括大片的灌丛、农田与森林

以 2010 年 30m 地表覆盖数据（陈军，2010）为基础，雅典建成区周边 10km 缓冲区为界限，分析其周边生态环境状况（图 3-44）。雅典城市周边的缓冲区内最主要的土地覆盖类型为灌丛，其面积达 437.44km^2，占地比例为 45.03%，主要分布在建成区北侧；

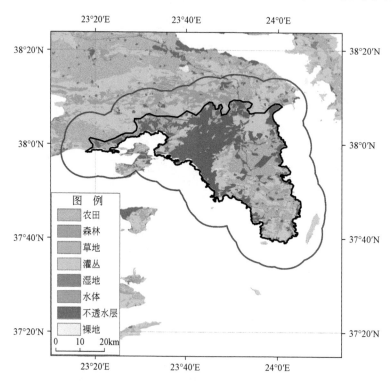

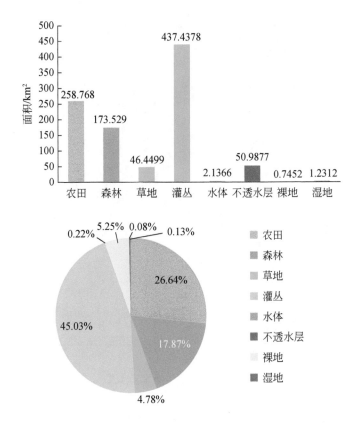

图 3-44　雅典周边 10km 缓冲区土地覆盖类型及其占地比例

农田占地面积为 258.77km²，占地比例为 26.64%，均匀分布在建成区周边；森林面积为 173.53 km²，占地比例为 17.87%，主要连片分布在建成区北侧。缓冲区内不透水层面积极少（50.99km²），占地比例仅为 5.25%。

3.9.3　城市空间分布现状、扩展趋势与潜力评估

雅典城市建成区内部灯光指数相对饱和，但周边灯光较暗；城市有向四周缓慢蔓延扩张的趋势，周边发展空间与潜力较大。

2013 年雅典建成区内部核心区灯光亮度极强，南部海边存在少量灯光低值区；而周边 10km 缓冲区内灯光亮度较暗（图 3-45）。由 2000 ~ 2013 年雅典夜间灯光指数变化速率图可见，建成区内大部分地区灯光指数变化速率呈负值，尤其是南部沿海原本灯光较暗的低值区变化速率相对较快；仅建成区中心的部分地区灯光指数变化速率呈正值。周边缓冲区内大部分地区灯光指数变化速率呈正值，可见城市具有向四周缓慢蔓延扩张的趋势，建成区及周边发展空间较大，其社会经济具备较大的发展潜力（图 3-46）。

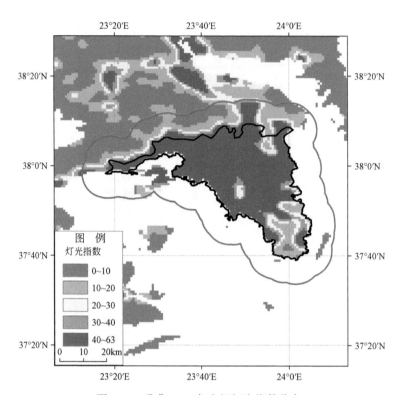

图 3-45   雅典 2013 年夜间灯光指数分布

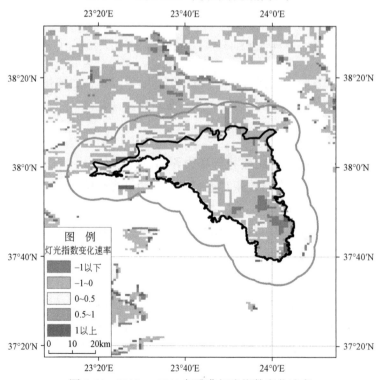

图 3-46   2000～2013 年雅典灯光指数变化速率

3.10　华　　沙

3.10.1　概况

华沙地处中欧平原，位于维斯瓦河中游沿岸，是波兰首都和最大城市，也是波兰的政治、经济、文化中心。华沙自古便是中欧诸国贸易的通商要道，如今是波兰最大的交通枢纽，也是欧洲公路铁路交通网的重要枢纽。华沙东北与波兰东北最大城市比亚韦斯托克相通，东与白俄罗斯布列斯特相接，向南通往拉多姆市，西北通往弗沃茨瓦韦克（图3-47）。

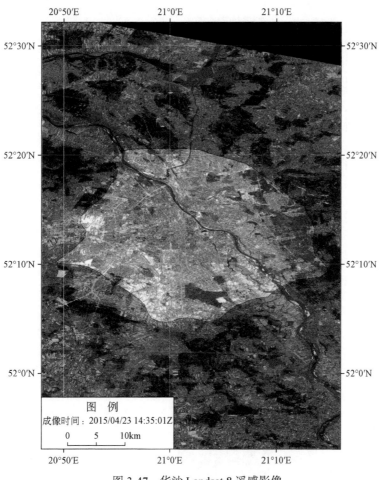

图 3-47　华沙 Landsat 8 遥感影像

3.10.2 典型生态环境特征

华沙属温带大陆性气候，冬季寒冷干燥，夏季温和湿润，气温年较差大，年降水分配不均，主要集中在夏季。

1. 华沙城市建成区不透水层占地比为 53.30%，绿地占地比为 43.54%

以 2014 年土地覆盖数据（30m 空间分辨率）为基础，生成城市建成区的不透水层图（图 3-48）。华沙建成区内水体面积为 7.78km²，占建成区总面积的 1.60%，主要河流维

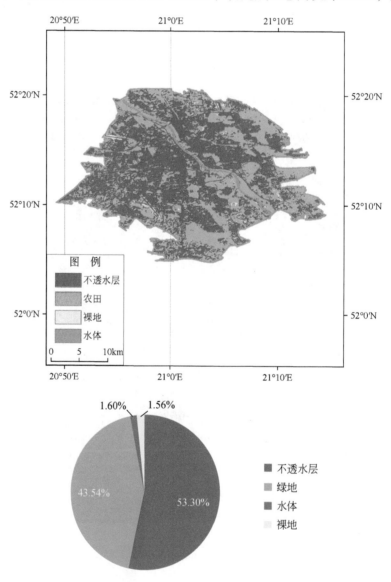

图 3-48　华沙建成区土地覆盖类型分布及占地比例分布

斯瓦河穿城而过，将城市分为东西两部分；不透水层面积为 259.19km²，占建成区总面积的 53.30%，不透水层连片明显，在建成区中心沿河分布拓展，河流西侧的不透水层分布更加密集；绿地面积为 211.69km²，占建成区总面积的 43.54%，主要分布在建成区的东部、南部外围，此外在河流两侧的公园也有分布；建成区内的裸地面积极小，面积为 7.58km²，仅占建成区总面积的 1.56%。

2. 华沙城市周边以农田为主，森林资源丰富

以 2010 年 30m 地表覆盖数据（陈军，2010）为基础，华沙建成区周边 10km 缓冲区为界限，分析其周边生态环境状况（图 3-49）。华沙城市周边主要以农田、森林及人造地表为主要土地覆盖类型，其中农田占地面积为 592.41 km²，占地比例为 45.53%，沿维斯瓦河流域两岸分布，主要分布在建成区西侧、南侧。城市周边森林茂密，缓冲区内的森林面积为 412.40km²，占地比例为 31.70%，主要连片分布于建成区的北侧及东侧。缓冲区内的不透水层占地面积为 267.52km²，占地比例为 20.56%，森林周边尤其是建成区东侧分布最为密集。

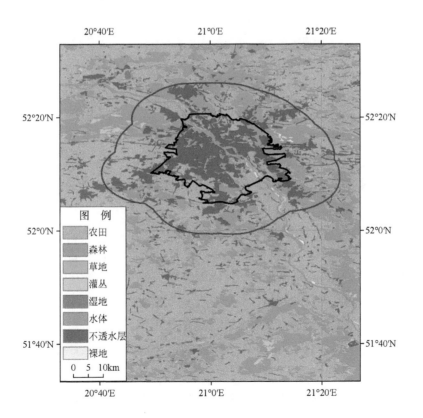

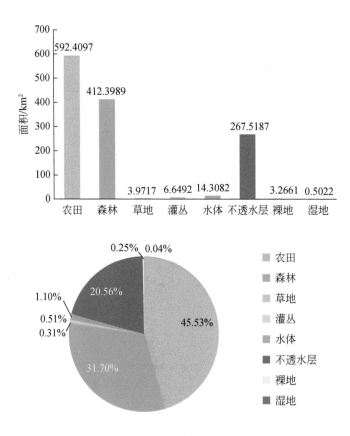

图 3-49　华沙周边 10km 缓冲区土地覆盖类型及其占地比例

3.10.3　城市空间分布现状、扩展趋势与潜力评估

华沙城市建成区灯光指数相对饱和,城市有由建成区向周边放射性蔓延扩张的趋势,周边发展空间与潜力较大。

2013 年华沙建成区内部基本被高亮灯光区覆盖,建成区周边灯光亮度也较强,高亮灯光覆盖区由建成区向外呈放射状发展,但周边仍存在部分低值区(图 3-50)。由 2000 ~ 2013 年华沙夜间灯光指数变化速率图可见,近年来华沙夜间灯光指数变化相对较快;建成区中心的高亮灯光指数区灯光变化速率呈现负值,但灯光指数变化速度相对较慢;建成区边缘大部分地区灯光指数变化速率呈正值,尤其是东部边缘的地区灯光变亮速率较快。而周边缓冲区内灯光较亮的地区仍在继续变亮,且灯光指数变化速率基本为 0.1 ~ 1;缓冲区内其他地区灯光指数变化速率呈负值。可见城市具有由建成区向四周呈放射状蔓延扩张的趋势,其社会经济具备进一步发展的较大潜力(图 3-51)。

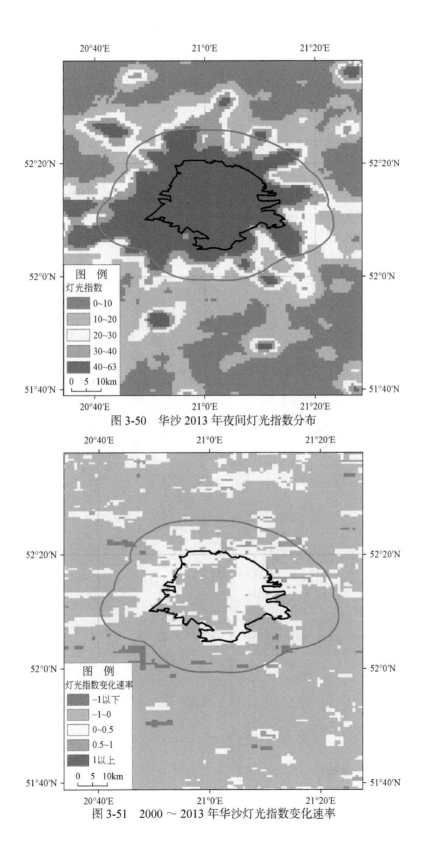

图 3-50　华沙 2013 年夜间灯光指数分布

图 3-51　2000 ～ 2013 年华沙灯光指数变化速率

3.11 布列斯特

3.11.1 概况

布列斯特位于白俄罗斯西南部，地处穆哈维茨河与布格河交汇处，是欧洲中部最大的铁路枢纽之一。布列斯特曾经是重要的军事要塞，东北直达明斯克，西部通往华沙，如今既是柏林－华沙－布列斯特－明斯克－莫斯科廊道中的重要铁路枢纽，中国开往欧洲的东、中、西三条班列铁路线均途径布列斯特，是"一带一路"欧洲廊道的重要枢纽，也是从立陶宛首都维尔纽斯到乌克兰首都基辅的必经之地（图 3-52）。

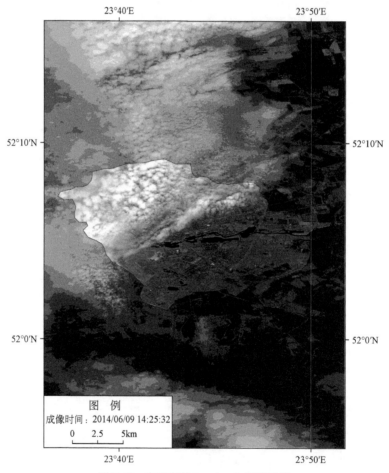

图 3-52　布列斯特 Landsat 8 遥感影像

3.11.2 典型生态环境特征

布列斯特属温带大陆性气候，气温年较差大，冬冷夏热，年降水少且集中在夏季。

1. 布列斯特城市建成区不透水层占地比为 45.59%，绿地占地比为 50.84%

以 2014 年土地覆盖数据（30m 空间分辨率）为基础，生成布列斯特城市建成区的不透水层图（图 3-53）。布列斯特建成区基本由不透水层和绿地两类地表覆盖类型构成，其中不透水层占地面积为 60.12km²，占地比为 45.59%，沿河流两侧连片分布；绿地面积 67.05 km²，占建成区面积的 50.84%，分布在建成区边缘。

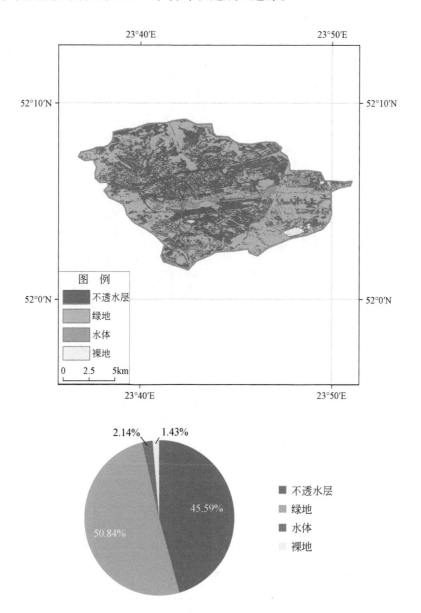

图 3-53　布列斯特建成区土地覆盖类型分布及占地比例分布

2.布列斯特城市周边以农田和森林为主

以 2010 年 30m 地表覆盖数据（陈军，2010）为基础，布列斯特建成区周边 10km 缓冲区为界限，分析其周边生态环境状况（图 3-54）。缓冲区农田广布（397.87km²），占地比例为 66.86%，连片分布在城市建成区周边。建成区东南侧森林茂密，木材资源丰富，缓冲区内的森林面积为 85.73km²。此外，缓冲区内草地面积达 73.23 km²，占建成区面积的 12.31%，主要分布在建成区的南侧。

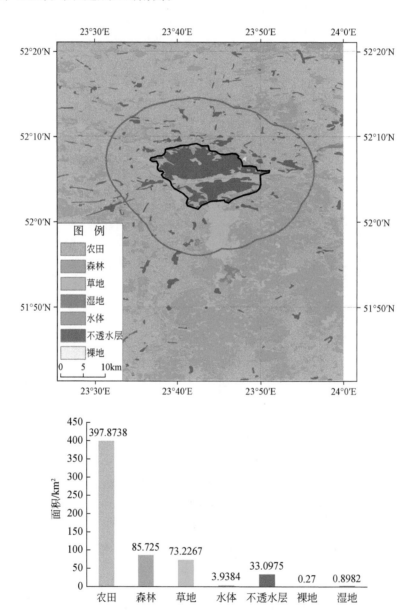

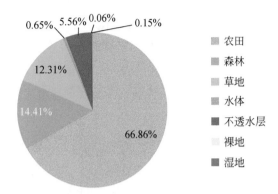

图 3-54　布列斯特周边 10km 缓冲区地表土地覆盖类型及其占地比例

3.11.3　城市空间分布现状、扩展趋势与潜力评估

　　布列斯特城市建成区内灯光指数较强，城市有向北继续发展的趋势，周边发展空间与潜力较大。

　　2013 年布列斯特建成区内部灯光亮度极强，但周边大部分地区处于灯光亮度低值区（图 3-55）。由 2000 ～ 2013 年布列斯特夜间灯光指数变化速率图可见，近年来布列斯

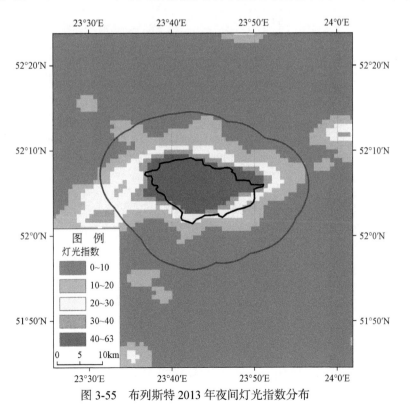

图 3-55　布列斯特 2013 年夜间灯光指数分布

特灯光变化显著：建成区大部分地区灯光指数变化速率呈负值，且变化速度较快，基本为 0.1 ~ 1；周边缓冲区大部分地区灯光指数变化速率也呈负值且变化速度较快，建成区南侧的缓冲区灯光变暗速度甚至超过 1。布列斯特灯光指数变化速率呈正值的地区主要集中在建成区北部，变化速率相对较快。可见城市建成区具有向北继续发展的趋势，建成区及周边灯光低值区范围较广，社会经济进一步发展具有极大潜力（图 3-56）。

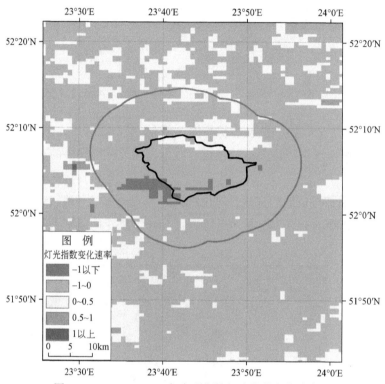

图 3-56　2000 ~ 2013 年布列斯特灯光指数变化速率

第4章　典型经济合作走廊和交通运输通道分析

与自然条件、开发历史、发展水平密切相关，随着工业化和城市化的进程，欧洲各国之间、欧洲与区外国家之间已经建立了多条经济走廊，也将随着北极航道开发增添新的经济廊道。

以欧洲低缓地势、稠密河网的自然条件为基础，欧洲形成了莱茵河—多瑙河流域的综合水运网，其中的结合部为莱茵—多瑙运河。莱茵—多瑙运河航道，是指德国南部巴伐利亚商业水道，于1992年完工。运河从莱茵河支流美因河畔的班贝格到多瑙河畔的克尔海姆，全长171km，它沟通了北海和黑海间的水上货物运输，形成一条流经15个国家长达3500km的航道，成为连接东西欧的一条非常重要的运输纽带。

传统经济走廊主要有欧洲十字形工业带、蓝香蕉地带。十字形工业带，是指自英国向东经法国、德国到波兰境内，自斯堪的纳维亚半岛南部向南经丹麦、德国、瑞士至意大利，这一带所形成的"十"字形工业密集地带。十字形工业带沿线平原广阔，河流密集，经济发达，地理区位十分优越，是东西欧往来的"圣路"地带，也是北欧通向中欧、南欧的捷径，地处欧洲的交通路口。蓝香蕉地带，由法国地理学家罗歇·布吕内1989年提出，指从英国经过荷兰、比利时、西德和瑞士，到意大利的一带，是位于欧洲中西部且经济发展强劲的地带，曾是欧洲人口、资金和工业最集中的地区，因该地带形似香蕉，故称"蓝香蕉地带"。但是随着欧洲大陆的工业格局发展变化，欧洲的工业中心向东转移，开始出现新的地带划分，有以德国南部为中心的"金足球"的说法，这一地区涵盖波兰、匈牙利、捷克、斯洛伐克、奥地利和罗马尼亚等国家。

4.1　主要廊道概况

当今对整个亚欧大陆产生重大影响的廊道是新亚欧大陆桥铁路线，东起中国连云港，经中亚、俄罗斯，在白俄罗斯布列斯特进入欧洲，穿越波兰、德国，西抵荷兰鹿特丹，全长10900km，沿线辐射30多个国家和地区，连通起东部亚太经济圈和西部欧洲经济圈。本书将新亚欧大陆桥欧洲段沿线南北100km的缓冲区范围作为新亚欧大陆桥欧洲廊道（图4-1）进行分析，其地理范围内主要包括白俄罗斯、波兰、德国、比利时及荷兰5个国家，沿线主要的重要城市为布列斯特、华沙、柏林、安特卫普、鹿特丹。

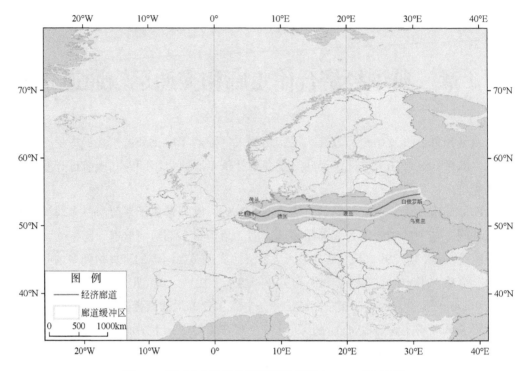

图 4-1　新亚欧大陆桥欧洲廊道示意图（100km 缓冲区）

4.2　生态环境特征

4.2.1　温度与光合有效辐射

新亚欧大陆桥欧洲廊道缓冲区内光合有效辐射高值集中分布在廊道东段。由新亚欧大陆桥欧洲廊道月均最高光合有效辐射分布图可以看出（图 4-2），廊道缓冲区内的月均最高光合有效辐射总体由西至东逐渐增加。白俄罗斯境内的光合有效辐射最高，月均最高光合有效辐射值可达 84.7W/m^2；德国及荷兰境内的光合有效辐射最低，最低值低于58W/m^2。

4.2.2　区域水分分布格局

1. 降水空间分布特征

新亚欧大陆桥欧洲廊道缓冲区内西侧降水最为丰富，呈现西高东低的空间格局。2014 年新亚欧大陆桥欧洲廊道降水量空间分布如图 4-3 所示，廊道缓冲区内德国西部、荷兰的降水最高，降水量可达 800mm 以上，而德国东部、波兰及白俄罗斯的降水量则普遍低于 700mm，降水整体呈现西高东低的局面。

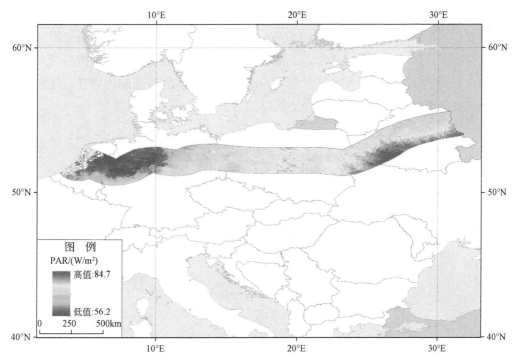

图 4-2　新亚欧大陆桥廊道光合有效辐射分布（100km 缓冲区）

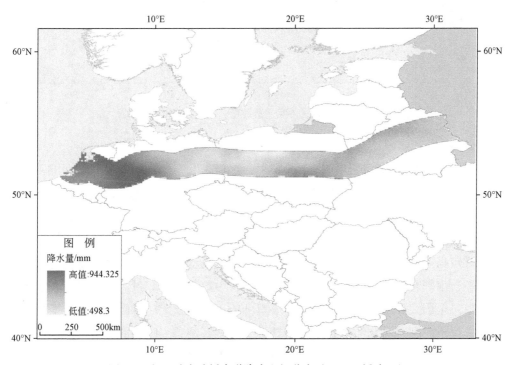

图 4-3　新亚欧大陆桥廊道降水空间分布（100km 缓冲区）

2. 蒸散量空间分布特征

新亚欧大陆桥欧洲廊道缓冲区内荷兰、比利时蒸散量最低。2014 年新亚欧大陆桥欧洲廊道降水量空间分布如图 4-4 所示，缓冲区内白俄罗斯及德国东部、波兰西部蒸散量较高，最高可达 1146mm；而缓冲区最西端受温带海洋性气候影响的荷兰、比利时蒸散量最低，部分地区蒸散量甚至不足 200mm。

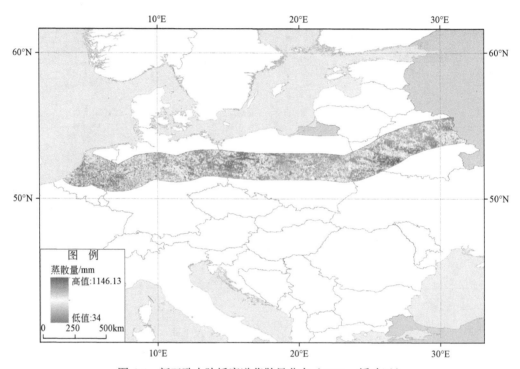

图 4-4　新亚欧大陆桥廊道蒸散量分布（100km 缓冲区）

4.2.3　地形

新亚欧大陆桥欧洲廊道从欧洲中部穿过，途径东欧平原、中欧平原、西欧平原，全线地势低平，仅德国段周围有海拔高于 500m 的区域，荷兰、比利时部分区域甚至低于海平面（图 4-5）。

由沿线的国家具体来看：白俄罗斯地处东欧平原，地势低平，但在廊道沿线国家中地势相对较高。波兰位于欧洲中部波德平原，北临波罗的海，地势平坦略有起伏，北部多冰碛湖，南部有低丘陵；新亚欧大陆桥由波兰中部的平原穿过。比利时属于欧洲沿海平原一带，全国大部分地区属于丘陵和平坦低地；新亚欧大陆桥廊道主要覆盖比利时北部地区，位于比利时西北部斯海尔德河畔的安特卫普便是大陆桥的重要出海口，地处斯海尔德河－摩泽尔河－莱茵河三角洲平原，地形平坦。德国位于欧洲中部的波德平原和阿尔卑斯山区，北临北海和波罗的海，地势南高北低，连绵起伏；全国由北向南，可分为五大地形区域：北德平原、中德山地、西南德梯形地带和山地、南德高原、阿尔卑斯山；新亚欧大陆桥在德国境内经过北德平原及中德山地区，是欧洲廊道中起伏最明显的区域。荷兰位于欧洲西部，西面濒临北海，南部由莱茵河、马斯河、斯海尔德河的三角洲连接而成，地势低洼。

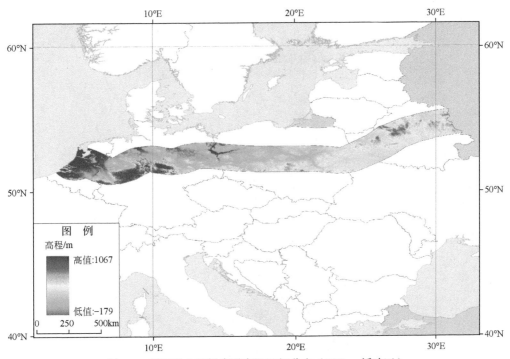

图 4-5　新亚欧大陆桥廊道高程空间分布（100km 缓冲区）

4.2.4　土地覆盖

廊道沿线缓冲区内以农田为主，其次为森林，廊道周围自然环境良好。

新亚欧大陆桥欧洲廊道范围内包含七种土地覆盖类型：不透水层覆盖、农田、森林、水体、灌丛、草地及裸地（图4-6），其中最主要的三种类型为农田、森林与不透水层。其中覆盖率最高的是农田，面积达 24.8km²，占廊道范围总面积的 62.44%，且农田空间分布较为均匀；其次是森林，面积达 10.99km²，占廊道范围总面积的 27.65%；不透水层面积为 3km²，仅占廊道范围总面积的 7.58%；水体面积占廊道范围总面积的 0.89%；而灌丛、草地、裸地的覆盖率极低，三者相加仅占廊道范围总面积的 1.45%。与欧洲的土地覆盖分布相比，新亚欧大陆桥廊道部分不存在冰雪这一类型的土地；农田比例高于欧洲整体的农田比例许多；森林比例与欧洲整体水平接近，其他水体、草地等均低于欧洲整体水平；而人造地表比例高于欧洲整体比例，说明新亚欧大陆桥欧洲廊道部分城市化发展水平在欧洲相对较高。

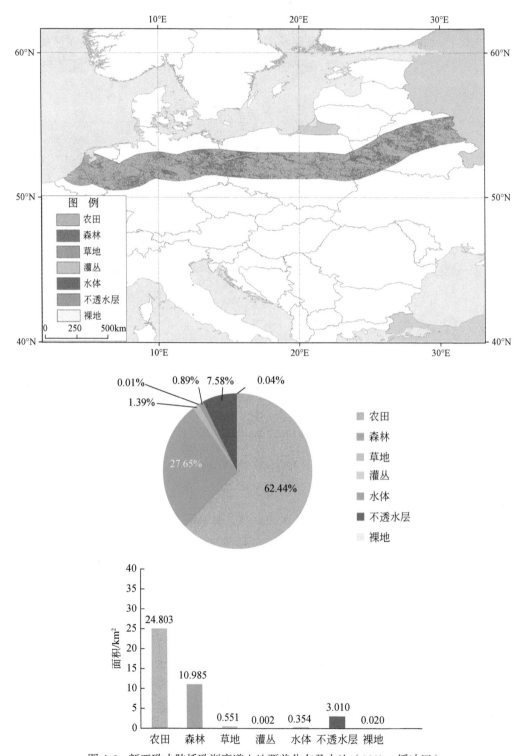

图 4-6　新亚欧大陆桥欧洲廊道土地覆盖分布及占比（100km 缓冲区）

廊道所经过的国家较为明显的土地覆盖类型均为农田、森林与不透水层。白俄罗斯段农田与森林覆盖率均较高，其中森林覆盖率是廊道沿线国家中最高的，但不透水层覆盖率较低；波兰段农田覆盖率非常高，森林覆盖率低于农田覆盖率，不透水层覆盖率较低；德国段森林覆盖率也低于农田覆盖率，但不透水层覆盖率高于前两段；荷兰-比利时段农田覆盖率非常高，但森林覆盖率较低，而不透水层覆盖率高于其他段。从整体空间分布来看，森林覆盖率沿廊道自东至西有所下降，而不透水层覆盖率沿廊道自东至西逐渐升高；农田的空间分布则较为均匀。

4.2.5　土地开发强度

廊道沿线缓冲区整体土地开发的综合程度较高，主要体现为垦殖性开发和建设性开发，呈现出西高东低的空间格局。

由图 4-7 可见新亚欧大陆桥欧洲廊道段整体土地开发的综合程度较高，土地开发指数值为 200～400，高于欧洲大部分的地区（图 4-7）。廊道的土地开发强度也存在一定的空间分布特征，呈现明显的西高东低的特征：荷兰、比利时及德国的大部分地区土地开发指数高于 300，而东部的白俄罗斯土地开发指数在 200～220 的地区较多；此外德国与波兰交界处土地开发强度在廊道内也相对较低。

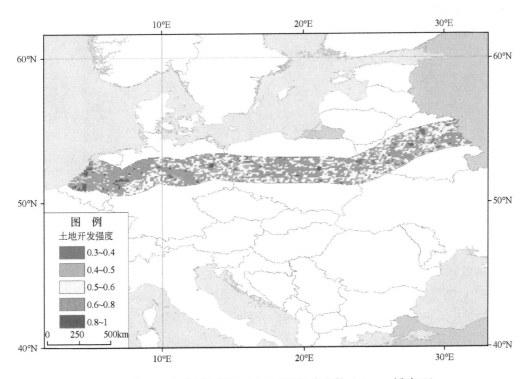

图 4-7　新亚欧大陆桥欧洲廊道土地开发强度指数（100km 缓冲区）

4.2.6 农田与农作物

新亚欧大陆桥欧洲廊道缓冲区内农作物分布广泛，以一年一熟的种植模式为主。

利用 2014 年农田复种指数数据分析新亚欧大陆桥欧洲廊道农田与农作物的特征。由图 4-8 可见，新亚欧大陆桥欧洲廊道的主产区复种指数基本为 100% ～ 200%，但属于欧洲农作物生长较好的区域。由其空间分布来看，西部的荷兰、比利时及德国主产区复种指数相对较高（主产区复种指数 =200% 的地区较多），存在一年两熟的种植模式，土地利用率较高；而波兰与白俄罗斯主产区复种指数极低，尤其是白俄罗斯甚至有许多休耕和轮耕的地区，土地利用率呈现出自东至西逐渐升高的趋势。

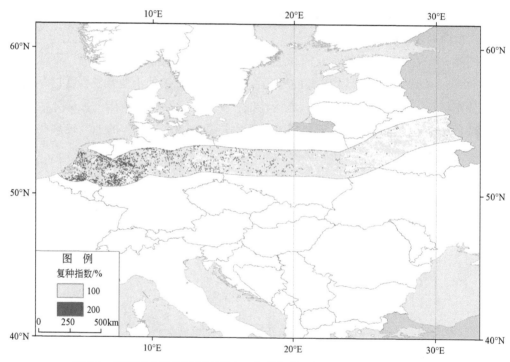

图 4-8　新亚欧大陆桥欧洲廊道农田复种指数空间分布（100km 缓冲区）

4.2.7 森林

1. 新亚欧大陆桥欧洲廊道缓冲区森林地上生物量总量不高

利用 1km 遥感植被盖度产品分析 2014 年新亚欧大陆桥欧洲廊道森林地上生物量空间分布特征（图 4-9），可见廊道沿线森林分布较广，但大部分地上生物量总体水平不高，缓冲区内森林地上生物量总量仅为 1133 万 t/hm²；波兰与德国的交界处地上生物量最高，其他大部分地区地上生物量不超过 100t/hm²。

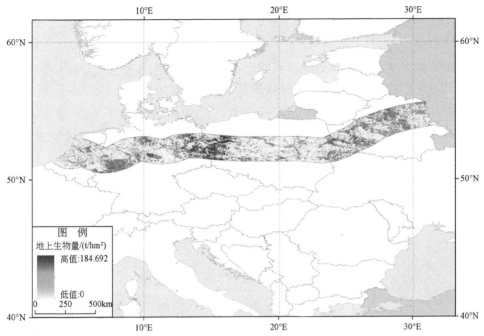

图 4-9　新亚欧大陆桥欧洲廊道 2014 年森林地上生物量（100km 缓冲区）

2. 新亚欧大陆桥欧洲廊道缓冲区森林年最大 LAI 空间分布差异不明显

采用 1km 遥感植被 LAI 来表征新亚欧大陆桥欧洲廊道森林的年最大 LAI 空间分布特征（图 4-10），可见廊道沿线欧洲森林年最大 LAI 极少有极低值区，空间差异不太明显，

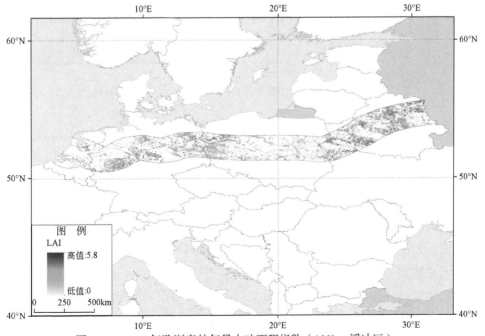

图 4-10　2014 年欧洲森林年最大叶面积指数（100km 缓冲区）

但仍能看出白俄罗斯与德国的森林年最大 LAI 值较高，而波兰、比利时与荷兰的 LAI 值相对较低。

3. 新亚欧大陆桥欧洲廊道缓冲区森林 NPP 空间差异不显著

由空间分布来看，新亚欧大陆桥欧洲廊道沿线森林年均 NPP 值总体不高，累积 NPP 最高值也仅达 154.92gC/m²；由空间分布来看，缓冲区内森林年均 NPP 值空间差异不明显（图 4-11），其中波兰、德国的交界处及德国中部、白俄罗斯中部地区 NPP 相对较低。

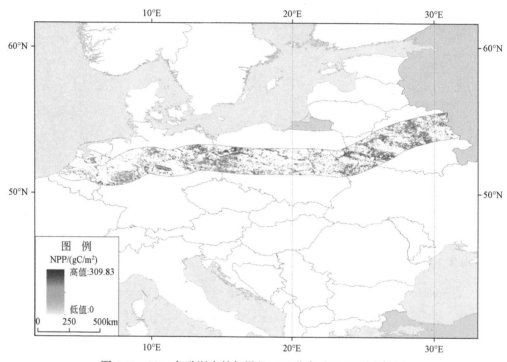

图 4-11 2014 年欧洲森林年累积 NPP 分布（100km 缓冲区）

4.2.8 廊道城市扩展状况

1. 廊道沿线城市发展水平较高，灯光亮度呈现西高东低的空间格局，各国的灯光高亮区主要集中在首都或其他主要城市

将新亚欧大陆桥欧洲段沿线地区 2000 年与 2013 年的灯光分布图对比分析，可明显看出沿线的社会经济发展情况（图 4-12）。由沿线的整体灯光亮度总体来看，新亚欧大陆桥欧洲廊道范围内的大部分国家在欧洲国家当中社会经济发展水平排名相对靠前，整体发展水平较高，且近年来整体灯光亮度明显增强，尤其是东部的白俄罗斯与波兰。由灯光亮度的空间分布来看，表现出西高东低的灯光亮度分布，中间零散分布亮度较高的斑块。西侧沿海地区的荷兰、比利时灯光强度最亮，中部的德国、波兰次之，东侧的白

俄罗斯境内的沿线灯光强度较低。沿线有明显的几处亮度格外强的斑块，分别是几个国家的首都，其他亮度较强的斑块也是一些主要城市或经济中心。

　　具体分析沿线各个国家，白俄罗斯自身灯光亮度较弱，几个明显的亮斑是白俄罗斯的几个重要的大城市，其中灯光亮度最强的团块是位于国家中部的首都明斯克，东部三个比较亮的点是维捷布斯克、奥尔沙和莫吉廖夫三座较大的城市，明斯克西南侧一个相对较亮的点是巴拉诺维奇，西北侧一个较亮的点是莫洛杰奇诺，这几座城市都是重要的交通枢纽。波兰境内亚欧大陆桥沿线整体的灯光亮度均较强，有大而耀眼的灯光团块，其中最明显的灯光团块为首都华沙附近；西侧最亮的团块是波兹南省的首府波兹南，临瓦尔塔河，是多条铁路干线的会集点，公路枢纽，大河港，空运发达，也是波兰最大的工业、交通、文教和科研中心之一；西南侧较亮的团块是波兰第二大城市罗兹，是罗兹省的首府。德国境内亚欧大陆桥沿线整体的灯光亮度也比较强，有大而耀眼的灯光团块，廊道内灯光最亮的地区主要集中在西部鲁尔区及东边的首都柏林附近，中部有零散的几个稍大的城市，如汉诺威等。比利时、荷兰境内亚欧大陆桥沿线整体的灯光亮度非常强，尤其是西部和南部的沿海地区。除了荷兰东北部的欧芙艾瑟省的灯光强度相对较弱之外，其他地区的灯光亮度都很强，尤其是鹿特丹及其周边所在的南荷兰省和乌得勒支省，以及比利时北部的安特卫普一带地区，灯光亮度非常强。

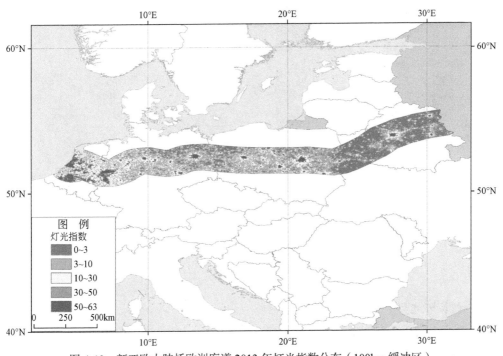

图 4-12　新亚欧大陆桥欧洲廊道 2013 年灯光指数分布（100km 缓冲区）

2. 廊道沿线城市整体发展速率不快，首都或大城市周边发展速率较快

根据 2000 ～ 2013 年新亚欧大陆桥欧洲廊道灯光指数变化速率可分析近年来廊道沿线不同地区灯光强度的变化情况（图 4-13），可见廊道大部分地区灯光指数变化速率不高，甚至呈现负的变化速率，其中波兰灯光指数变化速率最低，而白俄罗斯及德国东部变化速率相对较高。具体由沿线各个国家境内 2000 ～ 2013 年的灯光指数变化速率情况来分析，白俄罗斯段境内以首都明斯克为中心，附近灯光指数变化速率最快；波兰段境内灯光指数变化速率最快的地区为首都华沙东侧；德国段首都柏林附近的东部地区灯光指数变化速率均较快；比利时及荷兰段则是港口周边灯光指数变化速率最快。总体来看，主要是以大城市为中心的周边地区灯光变化速率较快，表明了城市化不断加深，城市不断扩张的过程。

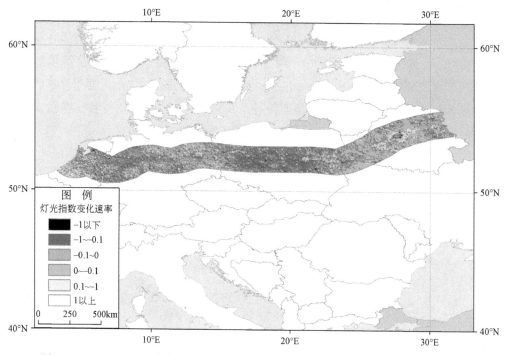

图 4-13　2000 ～ 2013 年新亚欧大陆桥欧洲廊道灯光指数变化速率（100km 缓冲区）

4.3　主要生态环境限制

4.3.1　地形与地势

新亚欧大陆桥欧洲廊道沿线地形平坦，坡度极小，坡度值为 0° ～ 7.7°，除德国西南山地地势稍高，沿线其他地区的坡度基本不超过 1°（图 4-14）。因而在一带一路的开发过程中，新亚欧大陆桥欧洲段沿线的地形条件并不会对基础设施等建设造成影响。

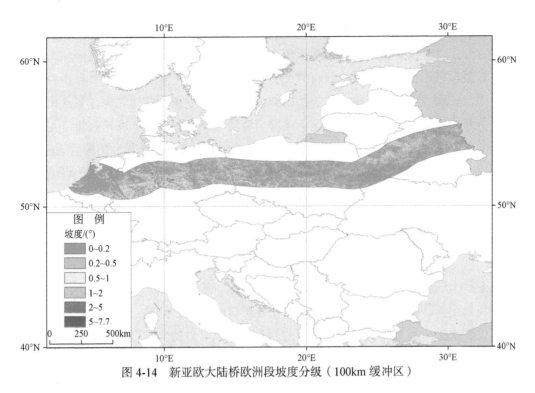

图 4-14 新亚欧大陆桥欧洲段坡度分级（100km 缓冲区）

4.3.2 自然保护区

廊道沿线穿越诸多自然保护区（图 4-15），主要聚集在廊道西段，陆地和海洋景观

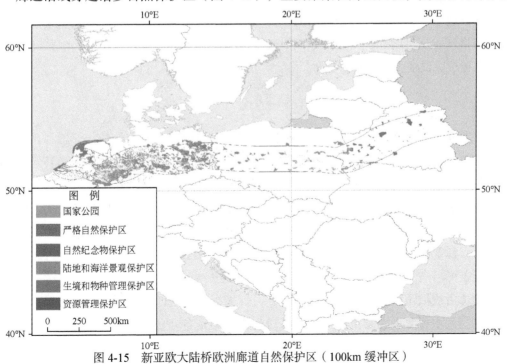

图 4-15 新亚欧大陆桥欧洲廊道自然保护区（100km 缓冲区）

保护区数量最多。新亚欧大陆桥欧洲廊道沿线自然保护区众多，分布广泛，尤其是德国、荷兰拥有大片自然保护区，总体呈现出西多东少的空间分布格局；沿线陆地和海洋景观保护区数量最多。白俄罗斯沿线段自然保护区相对较少，主要类型为生境和物种管理保护区及国家公园；波兰沿线段自然保护区数量也不多，主要为陆地和海洋景观保护区，并零星分布着生境和物种管理保护区；德国沿线段自然保护区分布非常密集，主要为陆地和海洋景观保护区；荷兰沿线段自然保护区连片分布，主要为生境和物种管理保护区；比利时沿线段自然保护区数量相对较少，也主要为生境和物种管理保护区。可见新亚欧大陆桥欧洲廊道沿线生态环境受保护程度较高，在一带一路推进过程当中需处理好开发与保护区之间的关系。

4.4 廊道建设的潜在影响

新亚欧大陆桥欧洲廊道沿线主要穿过平原地区，地形平坦、气候适宜，沿线农田、森林等植被生长状况良好，自然资源丰富；各类自然保护区众多，生态系统较为脆弱。廊道建设开发时应在充分利用自然资源的同时，注意对自然生态环境及自然保护区的综合生态保护，开发利用时需维护生物多样性及生态系统的功能。此外，廊道沿线缓冲区内人口众多、城市发展水平较高，廊道的基础设施等进一步开发建设将促进沿线各国的资金、技术、人员等流动，使其能够更充分的发挥自己的优势、提高辐射范围，人民生活水平也将进一步提高。将廊道沿线国家的自然生态状况与社会经济发展状况耦合分析，发现两者吻合度较高：廊道西端沿海，降水较多、拥有大型港口，其土地利用效率、社会经济发展状况也明显优于东部。同时廊道沿线森林资源、水资源丰富，生态环境良好且灾害稀少，具备发展的良好条件。

4.5 小   结

新亚欧大陆桥欧洲廊道沿线主要经过的国家包括白俄罗斯、波兰、德国、比利时与荷兰，沿线地形平坦，气候适宜，廊道缓冲区内主要以农田及森林为主，生态环境良好。廊道沿线自东至西由温带大陆性气候向温带海洋性气候过渡，从而导致沿线的部分生态资源分布呈现出一定的空间分异：缓冲区内农作物主要为一年一熟的种植模式，而廊道西部存在一年两熟的种植模式，农作物主产区复种指数呈现出西高东低的空间格局；缓冲区内森林覆盖率较高，但年最大 LAI 和森林年均 NPP 空间差异不明显；此外缓冲区内草地覆盖率不高，年最大草地 LAI 和年均草地 NPP 空间差异不明显。

廊道沿线城市社会经济发展水平较高，灯光亮度呈现西高东低的空间格局，各国的灯光高亮区主要集中在首都或其他主要城市；且灯光亮度普遍以首都或其他主要城市为中心，周边灯光变化速率相对较快。

　　廊道沿线虽不存在恶劣气候、脆弱的地质条件及其他自然灾害，但自然保护区众多，以陆地和海洋景观保护区数量最多，廊道西段分布尤多，生态环境保护的任务重大。因而在一带一路建设推进时应高度重视、处理好生态环境保护与资源开发利用的关系。

第5章 结 论

欧洲是"一带一路"的重要合作者与推动者，与中国贸易合作往来密切。采用2000～2015年的FY、EOS、HY、Landsat、HJ和GF等多源、多分辨率遥感数据，对"一带一路"欧洲区的生态环境状况进行了监测与评估，得出主要结论如下。

5.1 生态资源丰富，除北欧外，各分区差异不大

受益于温和的气候条件与肥沃的土壤，欧洲生态资源丰富、生态环境良好，其土地覆盖类型以农田和森林为主。其中，农田面积接近欧洲区总面积的一半，高达49.71%，除北欧外各分区农田覆盖率均较高，但西欧拥有欧洲罕有的一年两熟种植模式，是欧洲主要粮产区。欧洲森林覆盖率达31.36%，主要集中在北欧。

北欧纬度高于欧洲其他分区，因而光温辐射、气候等条件与其他分区差异明显，导致其土地覆盖类型、植被净初级生产力、土地开发强度等都与其他分区差异较大。北欧大部分地区被森林植被覆盖，但其植被净初级生产力较低、土地开发强度指数也为欧洲最低，总体来说不如欧洲其他分区参与"一带一路"建设的条件优越。

5.2 重要节点城市普遍绿地率较高，城市化进程普遍较快

欧洲优越的自然资源条件为其社会经济的发展奠定了良好的基础，新亚欧大陆桥廊道沿线国家社会经济发展水平均较高，呈现出西高东低的空间格局，与人口密度的分布较吻合。

欧洲区"一带一路"重要节点城市的城市化进程普遍较快，但仍有所差异：伦敦、巴黎、法兰克福、鹿特丹等城市建成区、周边均被高亮灯光覆盖，城市化水平极高；而布列斯特、华沙等城市虽目前灯光亮度不够强，但近年来其建成区及周边灯光明显变强，发展潜力较大。此外，欧洲区重要节点城市普遍绿地覆盖率较高，建成区内绿地率均高于30%；建成区周边基本以农田为主，森林覆盖率也普遍较高，仅巴黎建成区周边土地覆盖类型以人造地表为主，建成区进一步拓展空间较小。

5.3 生态环境限制因素少，水资源、自然保护区为主要限制

欧洲区地势低平、气候温和、植被覆盖率高，总体生态环境良好，自然灾害也较少，

未对"一带一路"的开发建设形成过多的限制因素。但其水资源短缺问题会成为在欧洲推动"一带一路"开发建设的阻碍。虽然欧洲的天然降水适中且地表水资源较为丰富；但其湖泊主要集中在北欧地区，且除北欧之外大部分地区的水分盈余量低于全球陆地平均水分盈余量（375 mm），尤其是新亚欧大陆桥沿线的东欧地区水分亏缺严重。

此外，欧洲自然保护区分布广泛且类型丰富，尤其是新亚欧大陆桥沿线西侧自然保护区分布极为密集，以陆地和海洋景观保护区为主，生态环境受保护程度较高。因而如何平衡"一带一路"的开发建设与生态环境、生态系统保护之间的关系也是面临的一大挑战。

参 考 文 献

刘厚元 . 1983. 瑞典农业是如何发展的 . 农业经济问题，10：56 ～ 57.
张庆费，乔平，杨文悦 . 2003. 伦敦绿地发展特征分析 . 中国园林，10：56 ～ 59.